LEONARDO SANTOS BARBOSA



# A MATEMÁTICA DA ESCOLA DE SARGENTOS DAS ARMAS (ESSA) DE 1975 A 2017



EDITORA CIÊNCIA MODERNA

***A Matemática da Escola de Sargentos das Armas (EsSA) – de 1975 a 2017***



**Editor:** Paulo André P. Marques
**Produção Editorial:** Dilene Sandes Pessanha
**Capa:** Daniel Jara
**Copidesque:** Equipe Ciência Moderna



**FICHA CATALOGRÁFICA**

***BARBOSA, Leonardo Santos.***

***A Matemática da Escola de Sargentos das Armas (EsSA) – de 1975 a 2017***

Rio de Janeiro: Editora Ciência Moderna Ltda., 2021.

1. Matemática
I — Título

ISBN: 978-85-399-0975-9 CDD 510

**Editora Ciência Moderna Ltda.**
**R. Alice Figueiredo, 46 – Riachuelo**
**Rio de Janeiro, RJ – Brasil CEP: 20.950-150**
**Tel: (21) 2201-6662/ Fax: (21) 2201-6896**
**E-MAIL: LCM@LCM.COM.BR**
**WWW.LCM.COM.BR** **04/21**

# Prefácio

Este material contém as últimas 44 provas da escola militar do Exército Brasileiro Sargento Max Wolf Filho, conhecida como Escola dos Sargentos das Armas e chamada popularmente de EsSA. Aqui você encontrará as provas de 1975 até a prova aplicada em 2017 que foi a última disponível no momento. As provas mais recentes (a partir de 2008) têm, além do gabarito, também a solução comentada das questões.

São, no total, em torno de 930 questões distribuídas pelos assuntos mais cobrados de matemática dos ensinos fundamental e médio brasileiro.

Sempre que possível procurei contornar problemas dos enunciados das provas mais antigas. Quando isto não foi possível, pus o gabarito tendo como opção "X" e, no caso da solução comentada, vem escrito "Sem Opção".

Espero que este material possa te ajudar a alcançar seus objetivos.

Leonardo Santos Barbosa

# Sumário


| | | |
|---|---|---|
| I | Provas | ix |
| 1 | Prova 1975/1976 | 1 |
| 2 | Prova 1976/1977 | 3 |
| 3 | Prova 1977/1978 | 9 |
| 4 | Prova 1978/1979 | 17 |
| 5 | Prova 1979/1980 | 25 |
| 6 | Prova 1980/1981 | 33 |
| 7 | Prova 1981/1982 | 39 |
| 8 | Prova 1982/1983 | 45 |
| 9 | Prova 1983/1984 | 53 |
| 10 | Prova 1984/1985 | 61 |
| 11 | Prova 1985/1986 | 69 |
| 12 | Prova 1986/1987 | 79 |
| 13 | Prova 1987/1988 | 87 |
| 14 | Prova 1988/1989 | 95 |

**15 Prova 1989/1990** **103**

**16 Prova 1990/1991** **111**

**17 Prova 1991/1992** **115**

**18 Prova 1992/1993** **119**

**19 Prova 1993/1994** **123**

**20 Prova 1994/1995** **127**

**21 Prova 1995/1996** **131**

**22 Prova 1996/1997** **135**

**23 Prova 1997/1998** **139**

**24 Prova 1998/1999** **141**

**25 Prova 1999/2000** **145**

**26 Prova 2000/2001** **149**

**27 Prova 2001/2002** **151**

**28 Prova 2002/2003** **155**

**29 Prova 2003/2004** **157**

**30 Prova 2003/2004 – 2ª Fase** **161**

**31 Prova 2004/2005** **163**

**32 Prova 2005/2006** **167**

**33 Prova 2006/2007** **171**

**34 Prova 2007/2008** **173**

**35 Prova 2008/2009** **175**

36 Prova 2009/2010 177

37 Prova 2010/2011 179

38 Prova 2011/2012 183

39 Prova 2012/2013 187

40 Prova 2013/2014 191

41 Prova 2014/2015 193

42 Prova 2015/2016 197

43 Prova 2016/2017 199

44 Prova 2017/2018 203

II Soluções e Gabaritos 207

45 Solução 2008/2009 209

46 Solução 2009/2010 215

47 Solução 2010/2011 221

48 Solução 2011/2012 227

49 Solução 2012/2013 233

50 Solução 2013/2014 241

51 Solução 2014/2015 245

52 Solução 2015/2016 249

53 Solução 2016/2017 253

54 Solução 2017/2018 257

55 Gabaritos 261

# Parte I

# Provas

# Capítulo 1

# Prova 1975/1976

1) O produto de quatro números, ficou valendo $1.200$ depois que multiplicamos o primeiro por $2$, o segundo por $3$ e dividimos por $10$ e dividimos o terceiro por $4$ e o quarto por $5$. Antes dessas alterações seu valor era:
(A) $400$ (B) $40$ (C) $4.000$ (D) $40.000$

2) A soma de quatro múltiplos consecutivos de $13$ é $182$. O antecedente do menor dos números é:
(A) $15$ (B) $25$ (C) $35$ (D) $20$

3) Dividi um número por outro e encontrei $210$. Se tivesse dividido o dobro do primeiro pelo triplo do segundo, teria encontrado:
(A) $140$ (B) $120$ (C) $100$ (D) $150$

4) Dividi dois números e encontrei quociente $15$ e resto $0$. Somei os dois e encontrei $160$. O valor do dividendo é:
(A) $150$ (B) $100$ (C) $160$ (D) $140$

5) Para que o número $7a08$ dividido por $11$ deixe resto $3$, é necessário substituir a letra $a$ por;
(A) $3$ (B) $5$ (C) $4$ (D) $2$

6) O produto de dois números é $220$ e sua soma $49$. O maior dos números vale:
(A) $34$ (B) $64$ (C) $24$ (D) $44$

7) Um determinado número que, fatorado é $2^3 \times 5^2 \times 7$, possui quantos divisores?

(A) 24 (B) 6 (C) 12 (D) 44

8) O MDC dos números fatorados $2^4 \times 3^2$ e $2^3 \times 3^3$ é:

(A) 36 (B) 72 (C) 24 (D) 54

9) O MDC de dois números é 15 e o menor é a quarta parte do maior, que vale:

(A) 80 (B) 50 (C) 30 (D) 60

10) Para acondicionar 1.560 latas de azeite e 870 latas de óleo em caixotes, de modo que cada caixote contenha o mesmo número de latas, sem que sobre nenhuma e sem misturar as latas de cada espécie, serão necessárias quantas latas em cada caixote?

(A) 30 (B) 40 (C) 20 (D) 50

11) Uma fração equivalente a $\frac{15}{24}$, cuja soma dos termos seja 78, é:

(A) $\frac{48}{30}$ (B) $\frac{20}{58}$ (C) $\frac{40}{38}$ (D) $\frac{30}{48}$

12) Uma torneira pode encher um tanque em 6 horas e uma segunda enche-o em 9 horas. Funcionando juntas encherão o reservatório em:

(A) 3 h 36 min.

(B) 2 h 24 min.

(C) 3 h 30 min.

(D) 2 h 36 min.

13) $2\frac{1}{3}$ kg de uma substância custam R\$ $14,00$. O preço de $5\frac{3}{5}$ kg da mesma substância será:

(A) R\$ $33,00$ (B) R\$ $33,60$ (C) R\$ $23,60$ (D) R\$ $30,60$

14) Dividindo o ângulo de 32 em 6 partes iguais, obtemos:

(A) $5° 30'$ (B) $6° 20'$ (C) $4° 20'$ (D) $5° 20'$

# Capítulo 2

# Prova 1976/1977

1) A função $y = x - 3$ é:
(A) decrescente
(B) incongruente
(C) constante
(D) crescente

2) O valor de $\frac{2+3\times8-4}{2}$ é:
(A) 18 (B) 10 (C) 11 (D) 7

3) O valor de $[(-2)^3 - 1^0]^2$ é:
(A) 81 (B) 64 (C) $-81$ (D) $-64$

4) A geratriz de $1,20303\ldots$ é:
(A) $\frac{1191}{900}$ (B) $\frac{1173}{990}$ (C) $1\frac{201}{990}$ (D) $1\frac{183}{990}$

5) O MDC de 288 e $2^3 \times 3^2$ é:
(A) 144 (B) 288 (C) 72 (D) 36

6) O MDC de 180 e 216 é:
(A) 144 (B) 36 (C) 216 (D) 6

7) Doze rapazes cotizaram-se para comprar um barco. Como dois deles desistiram, cada um teve que pagar mais R\$ $200,00$. Qual o preço do barco?
(A) R\$ $2.000,00$
(B) R\$ $10.000,00$

(C) R\$ $12.000,00$
(D) R\$ $1.200,00$

8) Um tanque é alimentado por duas torneiras. A 1ª pode enchê-lo em 6 horas e a 2ª, em 4 horas. Em quanto tempo as duas torneiras juntas podem encher o tanque?
(A) 2 h (B) 4 h e 30 min. (C) 2 h e 24 min. (D) 5 h.

9) O valor numérico de $ax^2 + bx + c$ para $a = -2$, $b = -1$, $c = \frac{1}{2}$ e $x = -\frac{1}{2}$ é: (A) 2 (B) $\frac{1}{2}$ (C) $\frac{1}{4}$ (D) $-\frac{1}{2}$

10) A expressão $x^2 - 6x + 9$, equivale a:
(A) $(3 - x)^2$
(B) $(x + 3)(x - 3)$
(C) $(3 + x)(3 - x)$
(D) $(x + 3)^2$

11) A expressão mais simples de $\frac{2-\sqrt{2}}{2-\sqrt{8}}$ é:
(A) $-\sqrt{2}$ (B) $-\frac{\sqrt{2}}{2}$ (C) $-2$ (D) 2

12) A equação $\frac{2x-3}{x+8} - 1 = 0$:
(A) não tem raízes
(B) não tem raízes reais
(C) tem uma raiz igual a 11
(D) admite $-5$ como raiz.

13) A função $\frac{4x-1}{2}$:
(A) é positiva para $x$ maior que $\frac{1}{4}$
(B) é negativa para $x$ menor que $\frac{1}{2}$
(C) é nula para $x = -\frac{1}{2}$
(D) não tem raízes.

14) O sistema de equações: $\begin{cases} 2x + 3y = 9 \\ 3x + 2y = 11 \end{cases}$
(A) não tem solução
(B) tem como solução o par $(x = \frac{9}{5}, y = \frac{11}{5})$
(C) tem como solução o par $(x = 2, y = 3)$
(D) tem como solução o par $(x = 3, y = 1)$

15) A expressão $2x - 3$ é maior que $3x - 2$ para valores de $x$:
(A) maiores que $-1$
(B) menores que $-1$
(C) maiores que $1$
(D) menores que $1$

16) A equação $x^2 - 2x + m = 0$ terá:
(A) raízes iguais se $m = 1$
(B) raízes simétricas se $m = 0$
(C) uma raiz igual a $-2$ se $m = 0$
(D) raízes inversas se $m = 1$

17) A função $x^2 - 6x + 8$ tem para valor do $\Delta$ (discriminante):
(A) $-2$ (B) $2$ (C) $-4$ (D) $4$

18) A inequação $x^2 - 1 < 0$ é verdadeira para:
(A) $x > 1$ (B) $x < 1$ (C) $x > -1$ (D) $-1 < x < 1$

19) O sistema $\begin{cases} x - y = 1 \\ xy = 6 \end{cases}$
(A) é impossível.
(B) é indeterminado
(C) tem como solução o par ordenado $(x = 3, y = 2)$
(D) tem como solução o par ordenado $(x = 2, y = 3)$

20) Um retângulo em que a base é o dobro da altura possui para área:
(A) o triplo da altura
(B) o quadrado da altura
(C) o dobro do quadrado da altura
(D) a base mais a altura

21) O ângulo cujo suplemento é o triplo de seu complemento mede:
(A) $60°$ (B) $45°$ (C) $90°$ (D) $30°$

22) Na figura 2.1, as retas $r$ e $s$ são paralelas.

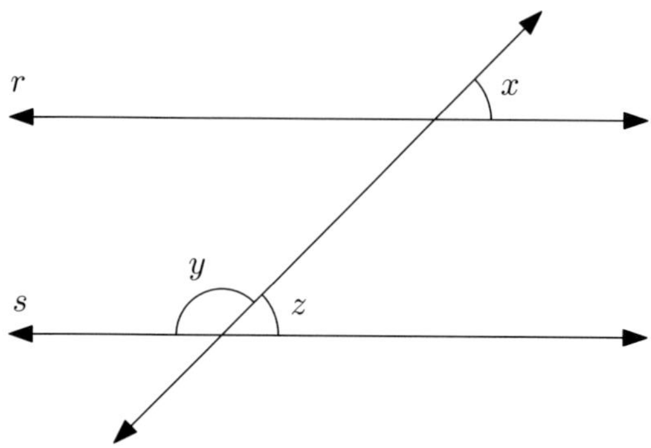


Figura 2.1

Quanto mede o ângulo $z$ se $y$ é o triplo de $x$?
(A) $60^\circ$ (B) $90^\circ$ (C) $45^\circ$ (D) $30^\circ$

23) Os dois menores ângulos internos de um triângulo medem respectivamente, $56^\circ$ e $40^\circ$. Quanto mede o ângulo formado pelas bissetrizes internas desses dois ângulos?
(A) $32^\circ$ (B) $132^\circ$ (C) $48^\circ$ (D) $128^\circ$

24) Qual é o polígono regular que possui 9 diagonais?
(A) icoságono
(B) pentágono
(C) hexágono
(D) decágono

25) Os lados de um retângulo medem, respectivamente, 4 metros e 9 metros. Quanto mede o lado do quadrado cuja área é igual a deste retângulo?
(A) 24 m (B) 36 m (C) 6 m (D) 13 m

26) O triângulo equilátero cuja altura mede 9 metros tem para medida do lado?
(A) 6 m (B) $\sqrt{3}$ m (C) $6\sqrt{3}$ m (D) $6\sqrt{2}$ m

27) Na figura 2.2, os pontos $M$ e $N$ são: respectivamente, os pontos médios dos lados $\overline{DC}$ e $\overline{BC}$ do quadrado $ABCD$ de área igual a 16 m$^2$.

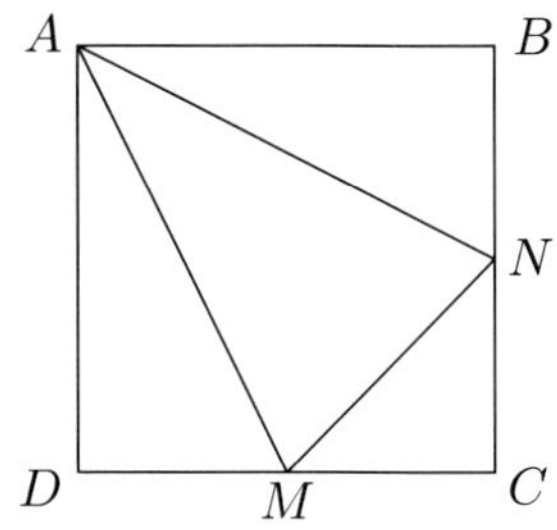


Figura 2.2

O perímetro do triângulo $AMN$ é:
(A) $(4\sqrt{5} + 2\sqrt{2})$ m
(B) $(2\sqrt{5} + 2\sqrt{2})$ m
(C) $(2\sqrt{5} + 4\sqrt{2})$ m
(D) $(\sqrt{5} + \sqrt{2})$ m

28) Fatorando $x^4 - 10x^2 + 25$, temos:
(A) $(x^2 - 5)^2$ (B) $(x^2 - 5)$ (C) $(x^2 + 5)^2$ (D) $(x + 5)(x - 5)$

29) O produto $(x - 7)(x - a)$ é igual a:
(A) $x^2 - 7x + 7a$
(B) $x^2 - ax - 7x$
(C) $x^2 - (a + 7)x + 7a$
(D) $x^2 + 7a$

30) O conjunto solução da equação $x(x + 2) - x(x - 3) = x + 2$ é:
(A) $\{1\}$ (B) $\{\frac{1}{2}\}$ (C) $\{2\}$ (D) $\{3\}$

31) O MDC das expressões $x^3 - 4x$ e $x^2 - 5x - 14$ é:
(A) $x - 7$
(B) $x(x + 2)$
(C) $x + 2$
(D) $(x + 2)(x - 2)$

32) O suplemento do complemento de um ângulo de $30°$ é:
(A) $60°$ (B) $120°$ (C) $90°$ (D) $110°$

33) As raízes da equação $x^2 - 9 = 0$ são:

(A) 3 (B) $-3$ (C) $-9$ e 3 (D) 3

34) A metade do complemento de um ângulo é $30° \, 30'$. Esse ângulo mede:
(A) $27°$ (B) $39°$ (C) $29° \, 30'$ (D) $29°$

35) Num círculo está inscrito um quadrado de lado $3\sqrt{2}$ metros. A área do círculo será:
(A) 9 m$^2$ (B) 3 m$^2$ (C) 3 m$^2$ (D) 3 m$^2$

36) O número $+\sqrt{2}$ é:
(A) racional positivo
(B) irracional positivo
(C) inteiro negativo
(D) irracional negativo

37) Racionalizando $\frac{1}{\sqrt{3}+\sqrt{2}}$, encontramos:
(A) $\frac{\sqrt{3}-\sqrt{2}}{5}$ (B) $\frac{\sqrt{3}+\sqrt{2}}{5}$ (C) $\sqrt{3} - \sqrt{2}$ (D) $\sqrt{3} + \sqrt{2}$

38) A potência $2^2$ é igual a:
(A) $\sqrt[4]{2^8}$ (B) $\frac{1}{3^2}$ (C) 1 (D) 2

39) Dividindo $x^2 + 2xy + y^2$ por $x + y$, obtemos:
(A) $x - y$ (B) $x + y$ (C) $y - x$ (D) $-y - x$

40) Se as dimensões de um retângulo são: base $x + 2$ e altura $x$, então o seu perímetro é dado pela expressão algébrica:
(A) $2(x + 3)$ (B) $4(x - 1)$ (C) $4(x + 1)$ (D) $2(x - 3)$

# Capítulo 3

# Prova 1977/1978

1) Sendo $a$ um número tal que $a > 5$ e $a \leq 9$, os valores que $a$ pode assumir são:
(A) $\{5, 6, 7, 8, 9\}$
(B) $\{6, 7, 8, 9\}$
(C) $\{6, 7, 8\}$
(D) $\{5, 6, 7, 8\}$

2) O resultado da expressão $\frac{4}{3} + \frac{2}{3} \times 3 - 1$ é:
(A) $5$ (B) $\frac{7}{3}$ (C) $\frac{8}{3}$ (D) $4$

3) O resultado da expressão $\frac{(3\times5)^{10}}{(15^3)^3}$ é:
(A) $15^4$ (B) $15^6$ (C) $15$ (D) $15^9$

4) Se um número é divisível por $5$ e por $3$, então podemos afirmar que ele é divisível por:
(A) $5 + 3$ (B) $5 \times 3$ (C) $5 - 3$ (D) $\frac{5}{3}$

5) O valor de $x$ para que o número $2^2 \times 3^x \times 5^3$ tenha $36$ divisores é:
(A) $3$ (B) $31$ (C) $2$ (D) $1$

6) É verdadeira a afirmação:
(A) $1,45$ g $= 1450$ cg
(B) $12$ a $= 0,12$ ca
(C) $2,46$ m$^2 = 246$ dm$^2$
(D) $0,427$ dm$^3 = 4,27$ cm$^3$

7) Um reservatório tem a forma de um paralelepípedo retângulo e suas medidas são 5 metros de comprimento, 3 metros de largura e 2 metros de profundidade. Sua capacidade é de:
(A) 30.000 litros
(B) 3.000 litros
(C) 300 litros
(D) 30 litros

8) O ângulo de $2° \, 8' \, 25''$ equivale a:
(A) 9.180" (B) 2.825" (C) 625" (D) 7.705"

9) O valor numérico da expressão $a^2 - 2ab + b^2$, para $a = -5$ e $b = -1$ é:
(A) 36 (B) $-36$ (C) 16 (D) $-16$

10) O desenvolvimento de $(2x - 3)^2$ é:
(A) $4x^2 + 12x + 9$ (B) $4x^2 - 12x + 9$ (C) $4x^2 - 6x + 9$ (D) $4x^2 - 9$

11) A expressão $(5 + x)(5 - x)$ equivale a:
(A) $-x^2 + 25$ (B) $-x^2 - 25$ (C) $10 - x^2$ (D) $x^2 + 25$

12) A expressão $x^2 - 4x + 4$ equivale a:
(A) $(x + 2)(x - 2)$
(B) $(x - 4)(x - 1)$
(C) $(x - 2)^2$
(D) $4x^2 - 9$

13) Se fatorarmos a expressão $4x^2 - 9y^2$, encontraremos:
(A) $(2x + 3y)(2x - 3y)$
(B) $(2x - 3y)^2$
(C) $(2x + 3y)(2x - 3y)$
(D) $(2y - 3x)(2y + 3x)$

14) Simplificando $\frac{x^2-x-6}{x^2+4x+4}$, encontramos:
(A) $\frac{x-3}{x+2}$ (B) $\frac{x+3}{x-2}$ (C) $\frac{x-6}{x+4}$ (D) $\frac{3}{2}$

15) No universo $\mathbb{N}$ (conjunto dos números naturais), o conjunto solução da

equação $\frac{x+3}{x-1} - \frac{2}{x+1} = \frac{x+3}{x-2}$, é:
(A) $S = \{-1\}$ (B) $S = \{0\}$ (C) $S = \{1\}$ (D) $S = \emptyset$

16) Dizia um pastor: "Se eu tivesse mais duas ovelhas poderia dar a meus três filhos, respectivamente, $\frac{1}{3}$, $\frac{1}{4}$, e $\frac{1}{6}$ daquele total e ficaria com as três restantes." O número de ovelhas que o pastor possuía era:
(A) 34 (B) 22 (C) 15 (D) 10

17) Sob a forma mais simples a razão de 3 h 20 min para 5 h é:
(A) $\frac{23}{5}$ (B) $\frac{3{,}2}{5}$ (C) $\frac{3}{5}$ (D) $\frac{2}{3}$

18) O valor de $x$ na proporção $\frac{1-\frac{2}{5}}{x} = \frac{\frac{9}{25}}{0{,}6}$ é:
(A) zero (B) 1 (C) $\frac{1}{2}$ (D) 2

19) A razão entre dois números é $\frac{4}{13}$ e sua soma é $51$. Esses números são:
(A) 40 e 11
(B) 21 e 30
(C) 12 e 39
(D) 18 e 33

20) Se a terça parte do complemento de um ângulo é igual a 20°, a medida desse ângulo é:
(A) 30° (B) 20° (C) 90° (D) 60°

21) Quanto à figura 3.1, podemos afirmar:

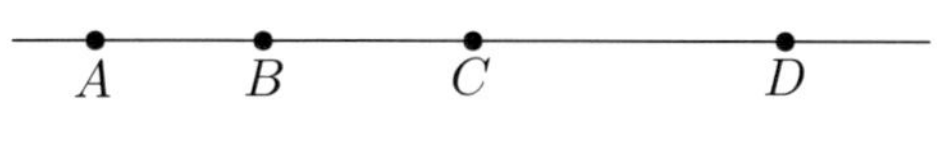


Figura 3.1

(A) $\overline{AB} \cup \overline{CD} = \overline{AD}$
(B) $\overline{AB} \cup \overline{BC} = \overline{BC}$
(C) $\overline{BC} \cap \overline{BA} = \emptyset$
(D) $\overline{AB} \cup \overline{BC} = \overline{AC}$

22) Dois ângulos são expressos em graus por $5x + 15$ e $2x + 25$. Se esses ângulos forem suplementares, a medida do maior deles será:

(A) 115° (B) 65° (C) 20° (D) 180°

23) Num trapézio retângulo o ângulo obtuso é o triplo do ângulo agudo. A medida do ângulo obtuso é:
(A) 90° (B) 135° (C) 45° (D) 130°

24) O número de diagonais que podem ser traçadas de um mesmo vértice de um decágono convexo é:
(A) 7 (B) 8 (C) 35 (D) 10

25) A medida do arco $AB$ na figura 3.2 é:

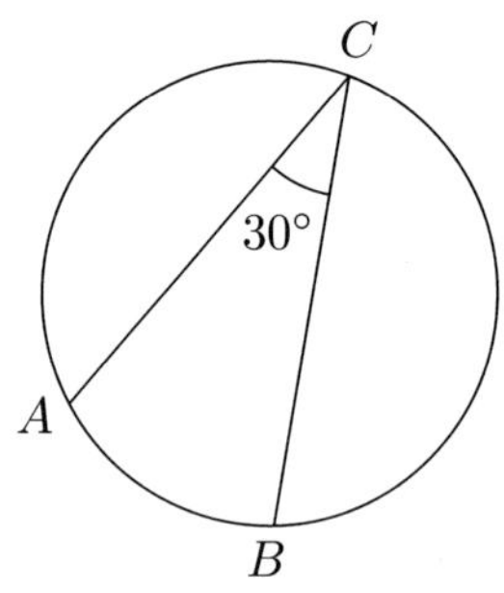


Figura 3.2

(A) 60° (B) 30° (C) 15° (D) 120°

26) A medida do menor arco $AB$ na figura 3.3 é 19°. O valor de $X$ é:

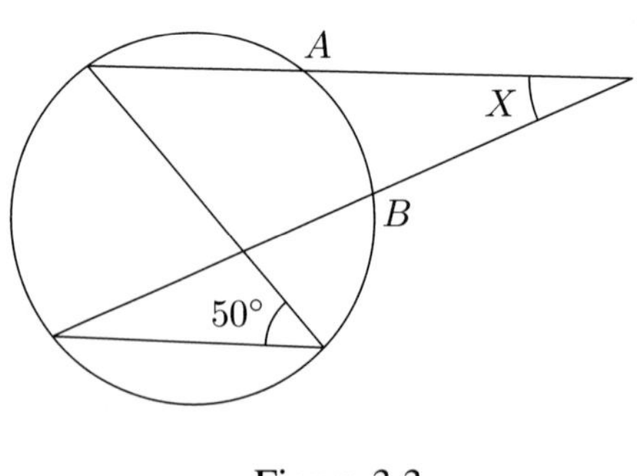


Figura 3.3

(A) $19^\circ$ (B) $59^\circ\, 30'$ (C) $40^\circ\, 30'$ (D) $50^\circ$

27) Os raios de duas circunferências medem, respectivamente, $5$ cm e $2$ cm. A distância entre os centros mede $2,5$ cm. Podemos afirmar que as circunferências são:
(A) secantes
(B) concêntricas
(C) tangentes interiores
(D) interiores

28) O radical $\sqrt[6]{2^4}$ é equivalente a:
(A) $\sqrt[3]{2}$ (B) $2$ (C) $2^3$ (D) $\sqrt[3]{4}$

29) Efetuando $\sqrt{32} + \sqrt{8} - 6\sqrt{2}$, encontramos:
(A) zero (B) $\sqrt{2}$ (C) $\sqrt{28}$ (D) $14$

30) O resultado de $\sqrt{3} \cdot \sqrt[3]{3}$ é:
(A) $\sqrt[4]{3}$ (B) $\sqrt[6]{3^5}$ (C) $\sqrt[6]{3}$ (D) $\sqrt[5]{3}$

31) A expressão $\frac{1}{2+\sqrt{5}}$, depois de racionalizado o denominador, equivale a:
(A) $\sqrt{5} - 2$ (B) $\sqrt{5}$ (C) $2 - \sqrt{5}$ (D) $2 + \sqrt{5}$

32) As raízes da equação $6x^2 + x - 1 = 0$ são:
(A) $\frac{1}{2}$ e $\frac{1}{3}$ (B) $\frac{1}{2}$ e $-\frac{1}{3}$ (C) $-\frac{1}{2}$ e $-\frac{1}{3}$ (D) $-\frac{1}{2}$ e $\frac{1}{3}$

33) A soma das raízes da equação $2x^2 - 3x + 1 = 0$ é:
(A) $-\frac{5}{2}$ (B) $\frac{5}{2}$ (C) $\frac{3}{2}$ (D) $\frac{2}{3}$

34) Para que a equação $3x^2 - 2x + 2m = 0$ admita uma raiz igual a 2, o valor de $m$ é:
(A) $2$ (B) $-4$ (C) $4$ (D) $-2$

35) No triângulo $ABC$ da figura 3.4, a medida do lado $AB$ é:

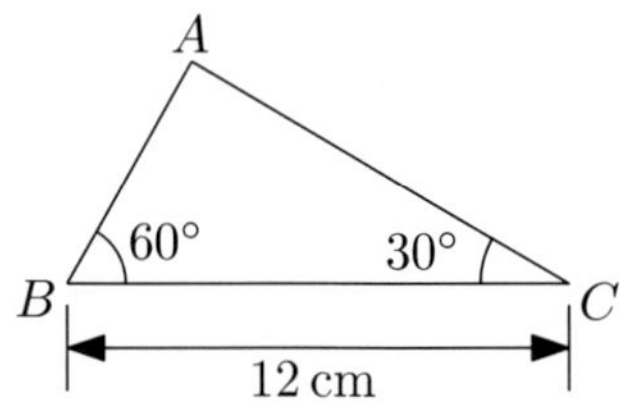


Figura 3.4

(A) 4 cm (B) 6 cm (C) 8 cm (D) 10 cm

36) No triângulo $ABC$ da figura 3.5, retângulo em $A$, a medida de $h$ é:

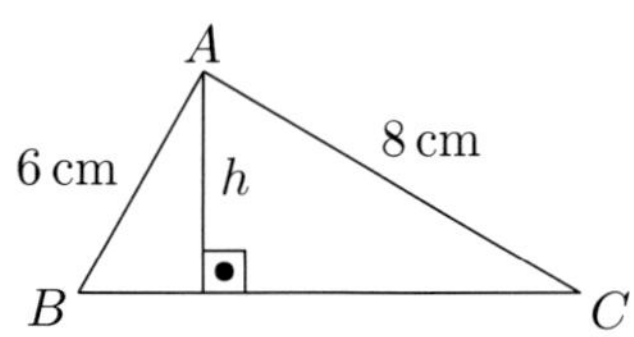


Figura 3.5

(A) 7 cm (B) 3 cm (C) 4 cm (D) $4,8$ cm

37) O lado de um quadrado inscrito em um círculo mede $\sqrt{2}$ cm. O lado do triângulo equilátero inscrito no mesmo círculo mede:
(A) $\frac{\sqrt{2}}{2}$ cm (B) $\frac{\sqrt{3}}{3}$ cm (C) $\sqrt{3}$ cm (D) 1 cm

38) $M$, $N$, e $P$ são, respectivamente, pontos médios dos lados do triângulo $ABC$ da figura 3.6. A razão entre a área do triângulo $MNP$ e a área do triângulo $ABC$ é:

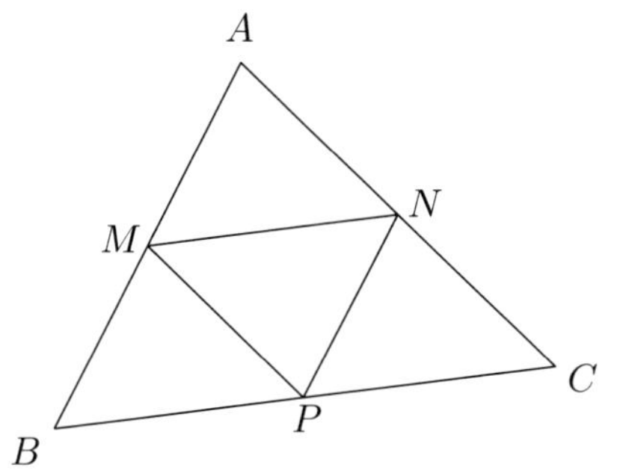


Figura 3.6

(A) $\frac{1}{2}$ (B) $\frac{1}{3}$ (C) $\frac{1}{4}$ (D) $\frac{2}{3}$

39) O círculo de centro $O$ da figura 3.7 está inscrito no quadrado $ABCD$. A área da parte hachuriada é:

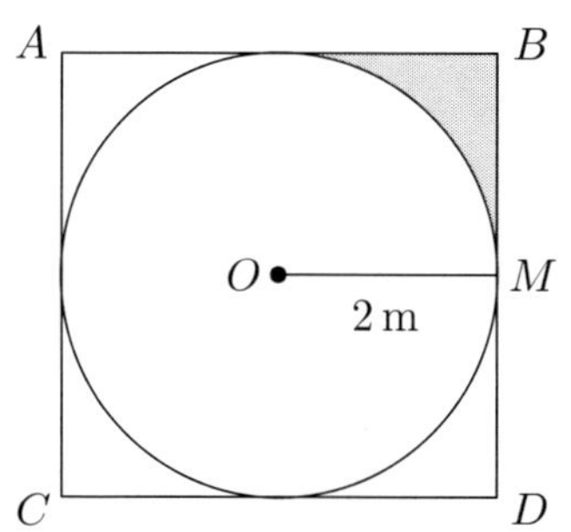


Figura 3.7

(A) $4\pi$ m$^2$ (B) $2(4-\pi)$ m$^2$ (C) $(4-\pi)$ m$^2$ (D) $16\pi$ m$^2$

40) As diagonais de um losango medem, respectivamente, 6 m e 8 m. Sua área equivale a:
(A) 14 m$^2$ (B) 48 m$^2$ (C) 7 m$^2$ (D) 24 m$^2$

## Capítulo 4

# Prova 1978/1979

1) Quando se escreve $3(a+b-2) = 3a+3b-6$, estamos aplicando a propriedade:
(A) associativa
(B) distributiva
(C) comutativa
(D) elemento neutro

2) O valor da expressão $\frac{\frac{7}{3}-\frac{1}{3}\cdot 3-1}{2-\frac{1}{2}}$ é:

(A) $\frac{14}{3}$ (B) $\frac{2}{9}$ (C) $14$ (D) $\frac{8}{3}$

3) Calculando $\frac{2^7 \cdot 2^3 \cdot 2}{\frac{(16)^8}{(8)^8}}$, encontramos:

(A) $6$ (B) $2^2$ (C) $1^3$ (D) $8$

4) Numa subtração, a soma do minuendo, subtraendo e resto é $1.440$. Se o resto é a quarta parte do minuendo, o subtraendo é:

(A) $540$ (B) $2.160$ (C) $720$ (D) $180$

5) O produto de dois números é $405$. Somando $4$ unidades ao maior fator, o produto fica igual a $465$. O menor fator é:

(A) $35$ (B) $25$ (C) $15$ (D) $31$

6) A fração de denominador $75$, equivalente a $\frac{12}{20}$ é:

(A) $\frac{3}{75}$ (B) $\frac{12}{75}$ (C) $\frac{45}{75}$ (D) $\frac{180}{75}$

7) Para que o número $5a3b$ seja divisível, ao mesmo tempo, por 2, 3, 5 e 9, o valor absoluto do algarismo representado pela letra $a$ deve ser:
(A) 4 (B) 7 (C) 0 (D) 1

8) O número $N = 2^x \cdot 3^4$ tem 20 divisores. Logo, o valor de $N$ é:
(A) 648 (B) 1.296 (C) 2.592 (D) 200

9) Sejam $A = 2^3 \times 3^2 \times 5$, $B = 2^2 \times 7$ e $C = 2 \times 3 \times 5$. O máximo divisor comum (MDC) entre $A$, $B$, e $C$ é:
(A) 2 (B) 6 (C) 10 (D) 8

10) O menor número que dividido por 18, 32 e 54 deixa sempre resto 11 é:
(A) 115 (B) 875 (C) 853 (D) 299

11) Em metros, o resultado da expressão $1,8$ dam $+ 56,8$ cm $+ \frac{3}{4}$ hm é:
(A) $935,68$ (B) $0,93568$ (C) $93,568$ (D) $9,3568$

12) $56,308$ m$^3$ equivalem a:
(A) $563,08$ dm$^3$ (B) $56,308$ d$\ell$ (C) $0,056308$ litros (D) 56.308 litros

13) A razão entre os números $0,12$ e $0,4$ é:
(A) $\frac{3}{10}$ (B) 3 (C) $\frac{8}{10}$ (D) $\frac{26}{5}$

14) Na proporção $\frac{x}{0,5} = \frac{\frac{1}{3}}{1,8333...}$, o valor de $x$ é:
(A) $\frac{3}{35}$ (B) $\frac{11}{36}$ (C) $\frac{1}{5}$ (D) $\frac{1}{11}$

15) O valor numérico da expressão $a^3 - 3a^2b + 3ab^2 - b^3$ para $a = 1$ e $b = -2$ é:
(A) 11 (B) 27 (C) 1 (D) $-27$

16) Calculando $3 - [(x+1)^2 - (x-2)(x+1)]$, encontramos:
(A) 0 (B) $x$ (C) $-3x$ (D) 2

17) O quociente da divisão de $(x^3 + 1)$ por $(x + 1)$ é:
(A) $(x+1)^2$
(B) $x^2 - x + 1$
(C) $x^2 + 1$
(D) $x^2 + x + 1$

18) Simplificando a fração $\frac{3x^2-15x+18}{3x^2-12}$, encontramos:
(A) $\frac{5x+6}{4}$ (B) $\frac{x-3}{x+2}$ (C) $\frac{x+3}{x-2}$ (D) $\frac{15x+3}{2}$

19) O MDC entre $(2x)$, $(2x+2)$ e $(x^2+2x+1)$ é:
(A) 1 (B) 2 (C) $2x$ (D) $(x+1)$

20) O valor de $x$ na equação literal $x(3m-1) = m(2x+3) + mx$ é:
(A) $-3m$ (B) $3m$ (C) $m$ (D) $-2m$

21) No universo $\mathbb{Q}$ (conjunto dos números racionais relativos), o conjunto solução da equação $\frac{1}{x-1} + \frac{1}{x-2} = \frac{x-2}{x^2-3x+2}$ é:
(A) $\{\}$ (B) $\{1\}$ (C) $\{2\}$ (D) $\{0\}$

22) No sistema $\left\{ \begin{array}{l} 2x = 4 - y \\ 5x - 2y = 1 \end{array} \right.$, o valor de $x$ é:
(A) $-1$ (B) $-2$ (C) 2 (D) 1

23) Em uma corporação militar os recrutas foram separados em três grupos: no primeiro ficaram $\frac{2}{3}$ mais 60 recrutas, no segundo $\frac{1}{15}$ mais 90 e no terceiro os 330 restantes. O número de recrutas na corporação é:
(A) 2.300 (B) 1.800 (C) 920 (D) 1.250

24) Efetuando $\sqrt{50} + \sqrt{18} - \sqrt{8}$, encontramos:
(A) $\sqrt{60}$ (B) 30 (C) $15\sqrt{2}$ (D) $6\sqrt{2}$

25) Racionalizando o denominador da fração $\frac{1}{2+\sqrt{3}}$, obtemos:
(A) $\frac{3}{5}$ (B) $2-\sqrt{3}$ (C) $2+\sqrt{3}$ (D) $\frac{1}{2}$

26) As raízes da equação $x^2 - 8x - 20 = 0$ são:
(A) 10 e $-2$ (B) $-10$ e 2 (C) $-10$ e $-2$ (D) 10 e 2

27) Na equação $x^2 - 14x + m = 0$, para que as raízes sejam reais e iguais, devemos ter:
(A) $m > 49$ (B) $m = 14$ (C) $m = 49$ (D) $m < 49$

28) O suplemento do ângulo de $63^\circ\, 40''$ é:
(A) $116^\circ\, 59'\, 20''$ (B) $26^\circ\, 20''$ (C) $116^\circ\, 20''$ (D) $26^\circ\, 59'\, 20''$

29) O suplemento de um ângulo excede o dobro do seu complemento de $30°$. A medida desse ângulo é:

(A) $60°$ (B) $50°$ (C) $30°$ (D) $45°$

30) Na figura 4.1 $r \parallel s$.

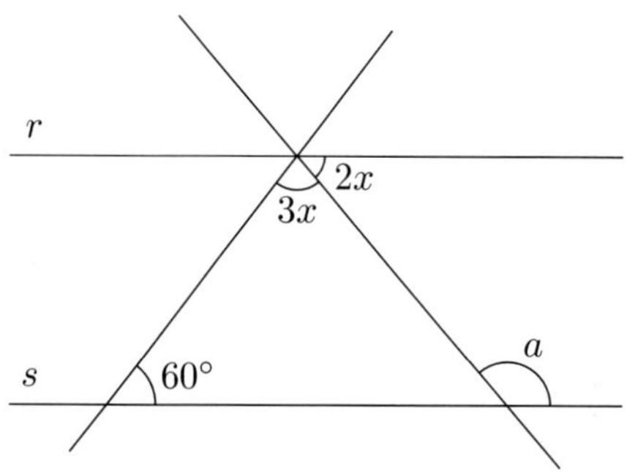


Figura 4.1

O valor de $a$ é:

(A) 124 (B) 148 (C) 132 (D) 172

31) O número de diagonais do polígono convexo cuja soma dos ângulos internos é $1080°$ é:

(A) 8 (B) 24 (C) 9 (D) 20

32) Na figura 4.2 a soma das medidas dos ângulos $\widehat{A}$, $\widehat{B}$, $\widehat{C}$, $\widehat{D}$, $\widehat{E}$ e $\widehat{F}$ é:

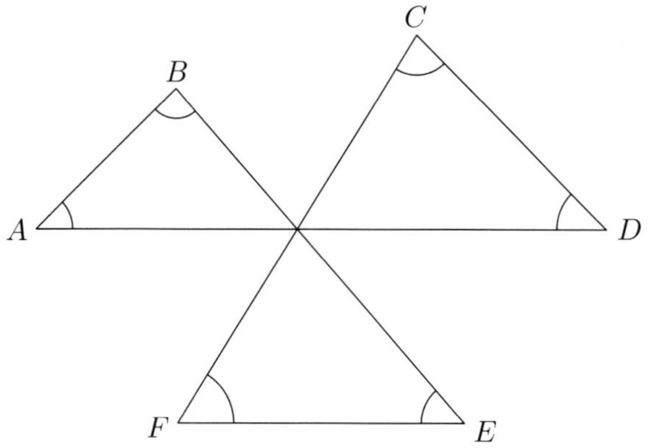


Figura 4.2

(A) $180°$ (B) $360°$ (C) $720°$ (D) $540°$

33) Num trapézio retângulo, a bissetriz do ângulo reto adjacente à base menor determina coma bissetriz do ângulo obtuso um ângulo de $65°$. A medida do ângulo agudo do trapézio é:
(A) $45°$ (B) $40°$ (C) $70°$ (D) $50°$

34) Na figura 4.3 abaixo a medida do arco $AB$ é o quádruplo do arco $CD$.

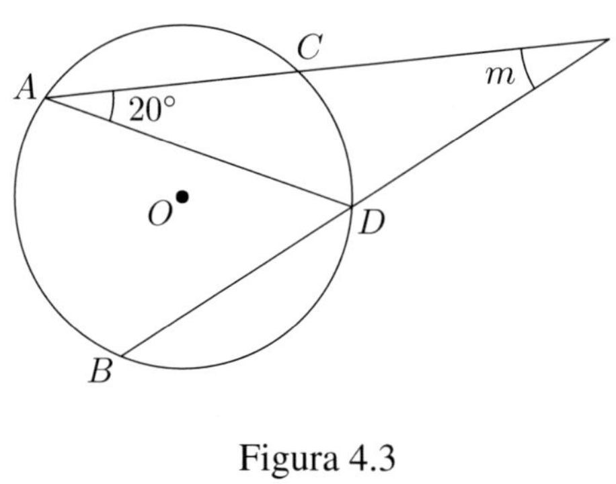


Figura 4.3

O valor de $m$ é:
(A) $100°$ (B) $60°$ (C) $30°$ (D) $50°$

35) Na figura 4.4 conhecemos: $\overline{AB} \parallel \overline{CD}$; m$(\overline{AO}) = 8$ cm; m$(\overline{OD}) = 12$ cm; m$(\overline{BC}) = 35$ cm.

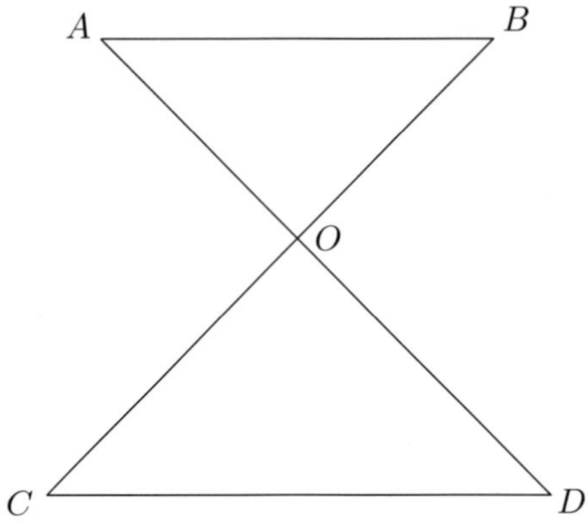


Figura 4.4

A medida de $\overline{OC}$ é:

(A) 12 cm (B) 14 cm (C) 21 cm (D) 15 cm

36) A altura de um triângulo equilátero cujo perímetro é 24 m é:

(A) $4\sqrt{3}$ m (B) $8\sqrt{3}$ m (C) $12\sqrt{3}$ m (D) $24\sqrt{3}$ m

37) A área de um triângulo retângulo é de 24 $m^2$. A soma das medidas dos catetos é de 14 m. A hipotenusa mede.

(A) 8 m (B) 10 m (C) 12 m (D) 14 m

38) A área do trapézio retângulo representado na figura 4.5 é:

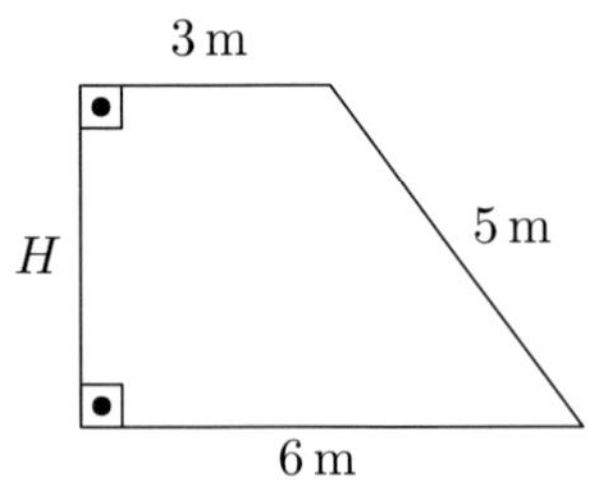


Figura 4.5

(A) 36 $m^2$ (B) 27 $m^2$ (C) 18 $m^2$ (D) $13,5$ $m^2$

39) A área de um quadrado inscrito em um círculo é de 2 $m^2$. A medida do lado do hexágono regular inscrito no mesmo círculo é:

(A) 3 m (B) $\frac{3}{2}$ m (C) 2 m (D) 1 m

40) Na figura 4.6, as circunferências são concêntricas. O comprimento da circunferência interior é $12,56$ cm e a área da coroa circular é $12\pi$ $cm^2$. (Use $\pi = 3,14$).

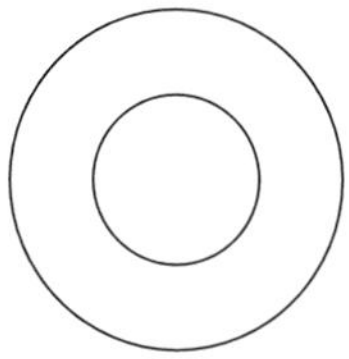

Figura 4.6

O raio da circunferência exterior mede:

(A) 14 cm (B) 4 cm (C) 10 cm (D) 2 cm

# Capítulo 5

# Prova 1979/1980

1) Em uma divisão o divisor é $13$, o quociente é o triplo do divisor e o resto é o maior possível. O dividendo tem para valor:
(A) $51$ (B) $519$ (C) $508$ (D) $59$

2) Um negociante vendeu uma peça de fazenda a três pessoas. A primeira comprou $\frac{1}{3}$ da peça e mais $10$ metros; a Segunda adquiriu $\frac{1}{5}$ da peça e mais $12$ metros; a terceira comprou os $20$ metros restantes. O comprimento total da peça era de:
(A) $80$ m (B) $73,7$ m (C) $70$ m (D) $90$ m

3) Transformando $32,7$ ha, obtém-se:
(A) $327$ m$^2$ (B) $327.000$ dam$^2$ (C) $3.270$ dam$^2$ (D) $32,70$ m$^2$

4) Um tanque recebe $0,04$ h$\ell$ de água por min. Ao final de $4$ horas, a medida do volume de água contida no tanque é:
(A) $960$ m$^3$ (B) $960$ dm$^3$ (C) $9,6$ dm$^3$ (D) $96$ m$^3$

5) Dados os polinômios $A = -x^2 - x + 1$, $B = 3x - 4$ e $C = 2x^2 + 3x - 3$, o resultado de $B - A + C$ é:
(A) $3x^2 - 7x + 8$ (B) $x^2 + 5x - 6$ (C) $x^2 - 5x + 6$ (D) $3x^2 + 7x - 8$

6) A raiz da equação $\frac{x-2}{3} - \frac{x+1}{4} = 4$ é igual a:
(A) $53$ (B) $59$ (C) $49$ (D) $15$

7) Calculando a raiz da equação $\frac{1}{x+1} - \frac{2}{x-1} = \frac{1}{x^2-1}$, encontra-se:

(A) $x = 4$ (B) $x = -1$ (C) $x = 0$ (D) $x = -4$

8) Resolvendo o sistema ao lado, achamos os seguintes valores para $x$ e $y$:

$$\begin{cases} 3x + 5y = 7 \\ 2x - 3y = 11 \end{cases}$$

(A) $x = 4$ e $y = 1$
(B) $x = -1$ e $y = 4$
(C) $x = 4$ e $y = -1$
(D) $x = 1$ e $y = -4$

9) Desenvolvendo o produto notável $(x - 2a)^3$, obtém-se:
(A) $x^3 + 3ax^2 - 6a^2x + 6a^3$
(B) $x^3 + 6ax^2 - 12a^2x + 8a^3$
(C) $x^3 - 6a^2x + 12ax^2 - 8a^3$
(D) $x^3 - 6ax^2 + 12a^2x - 8a^3$

10) O produto $(\frac{x}{2} + y)(\frac{x}{2} - y)$ é igual a:
(A) $\frac{x^2}{4} - y^2$ (B) $\frac{x^2}{2} - y^2$ (C) $\frac{x^2}{4} + y^2$ (D) $(\frac{x^2}{4} - y)^2$

11) O comprimento de uma sala mede $7,5$ m e a largura $67,5$ dm. A razão entre a largura e o comprimento é:
(A) 9 (B) $\frac{9}{10}$ (C) $\frac{10}{9}$ (D) $\frac{1}{9}$

12) A razão $\frac{a}{b}$, onde $a = \frac{1}{3}b$, vale:
(A) 3 (B) $3a$ (C) $\frac{b}{3}$ (D) $\frac{1}{3}$

13) A soma dos antecedentes de uma proporção é $60$ e os consequentes são $13$ e $17$. Os antecedentes são:
(A) 24 e 36 (B) 41 e 49 (C) 27 e 33 (D) 26 e 34

14) Efetuando $14°\,28' + 15°\,47'' + 38°\,56'\,23''$, encontramos:
(A) 67° 24′ 10”
(B) 68° 25′ 10”
(C) 68° 24′ 10”
(D) 67° 25′ 10”

15) Fatorando-se a expressão $9x^4 - 24x^2z + 16z^2$ obtém-se:
(A) $(4x^2 - 3z)^2$ (B) $(4x - 3z2)^2$ (C) $(3x^2 - 4z)^2$ (D) $(3x^2 + 4z)^2$

16) A expressão $a^2 - 7a + 12$, depois de fatorada, resulta:
(A) $(a - 4)(a - 3)$
(B) $(a + 4)(a - 3)$
(C) $(a - 4)(a + 3)$
(D) $(a + 4)(a + 3)$

17) A fatoração de $16x^4 - y^4$ conduz a:
(A) $(4x^2 - y2)^2$
(B) $(2x - y)^4$
(C) $(4x^2 + y^2)(2x + y)^2$
(D) $(4x^2 + y^2)(2x + y)(2x - y)$

18) O resultado simplificado da expressão $\sqrt{9x + 18} + \sqrt{4x + 8} - \sqrt[4]{x^2 + 4x + 4}$ é:
(A) $\sqrt{13x + 26} - (x + 2)$
(B) $5\sqrt{x + 2}$
(C) $\sqrt{12x + 24}$
(D) $4\sqrt{x + 2}$

19) Racionalizando o denominador de $\frac{3+\sqrt{3}}{3-\sqrt{3}}$, obtém-se:
(A) $12 + \sqrt{3}$ (B) $2 + \sqrt{3}$ (C) $2 - \sqrt{3}$ (D) $2 + 6\sqrt{3}$

20) A raiz de maior valor absoluto da equação $-x^2 - x + 6 = 0$ é:
(A) 2 (B) 6 (C) $-3$ (D) 3

21) A equação do 2º grau cujas raízes são $\frac{1}{2}$ e $\frac{1}{3}$ é:
(A) $x^2 - \frac{1}{6}x + \frac{5}{6} = 0$
(B) $x^2 + \frac{1}{6}x - \frac{5}{6} = 0$
(C) $6x^2 - 5x + 1 = 0$
(D) $6x^2 + 5x - 1 = 0$

22) O valor de $m$, para que uma das raízes da equação $mx^2 + (m - 1)x + 2m - \frac{3}{4} = 0$ seja igual a 1 , é:
(A) $\frac{1}{4}$ (B) $\frac{5}{2}$ (C) $\frac{7}{16}$ (D) 7

23) O menor valor inteiro de $a$, para que a equação $y^2 - (2a - 5)y + a^2 = 0$, não admita raízes reais, é:

(A) $-\frac{5}{4}$ (B) $\frac{5}{4}$ (C) 1 (D) 2

24) Na equação $x^2 - bx + 48 = 0$, uma das raízes será o triplo da outra se $b$ for igual a:
(A) $\pm 4$ (B) $\pm 16$ (C) $\pm 12$ (D) $\pm 48$

25) Na figura 5.1, é verdadeiro afirmar-se que a medida de $\overline{CD}$ é $x$.

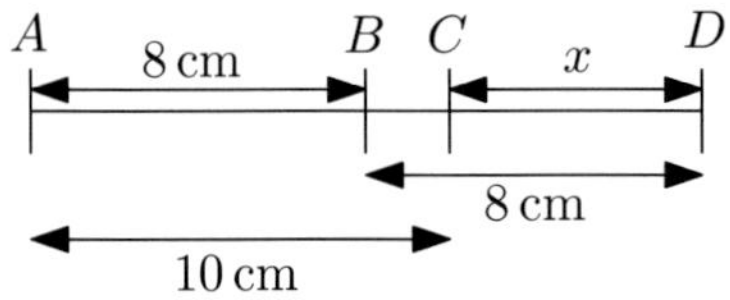


Figura 5.1

O valor de $x$ é:
(A) 6 cm (B) 18 cm (C) 2 cm (D) 16 cm

26) Das figuras abaixo, a que representa dois ângulos adjacentes suplementares é:

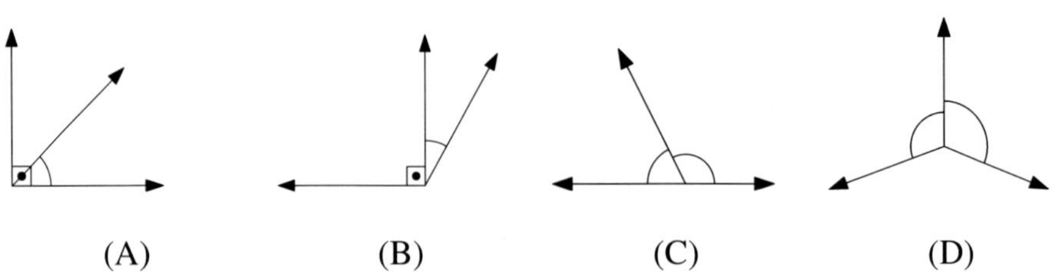


27) O complemento do suplemento de um ângulo de $115°$ mede:
(A) $65°$ (B) $180°$ (C) $35°$ (D) $25°$

28) Calculando-se a medida de $\widehat{a}$ na figura 5.2, obtém-se: (Obs: $r \parallel s$)

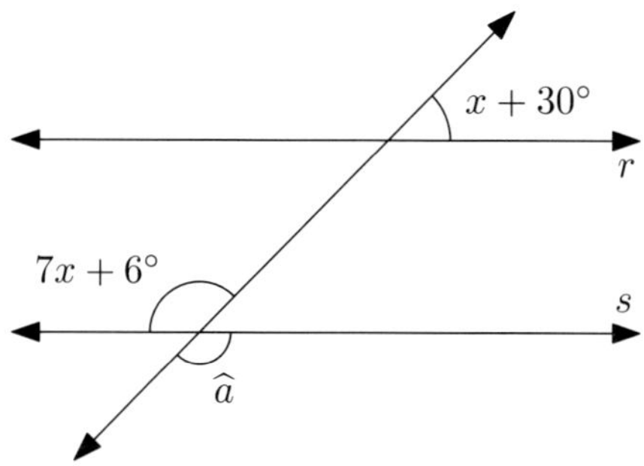


Figura 5.2

(A) $48^\circ$ (B) $18^\circ$ (C) $132^\circ$ (D) $126^\circ$

29) A medida do ângulo interno de um hexágono regular é:
(A) $60^\circ$ (B) $90^\circ$ (C) $120^\circ$ (D) $40^\circ$

30) O total de diagonais de um eneágono convexo é:
(A) 44 (B) 27 (C) 14 (D) 35

31) Um diâmetro de $12$ cm intercepta uma corda de $8$ cm no ponto médio desta. É verdadeiro afirmar-se que:
(A) o diâmetro e a corda são perpendiculares.
(B) O centro da circunferência pertence à corda.
(C) A corda e o diâmetro formam dois ângulos agudos congruentes.
(D) A corda determina segmentos congruentes sobre o diâmetro.

32) As semi-retas $\overline{PA}$ e $\overline{PB}$ são tangentes à circunferência, respectivamente, em $A$ e $B$, formando um ângulo de $60^\circ$ como na figura 5.3. Se a medida de $AMB$ é $240^\circ$, o arco $AB$ mede:

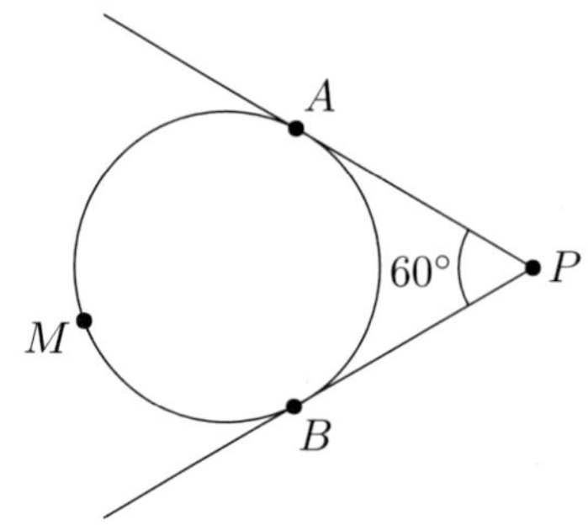


Figura 5.3

(A) $120°$ (B) $85°$ (C) $70°$ (D) $140°$

33) As bases de dois triângulos isósceles semelhantes $ABC$ e $A'B'C'$ medem, respectivamente, 8 m e 4 m. O perímetro do triângulo $ABC$ é 28 m. A medida dos dois lados congruentes do triângulo $A'B'C'$ é:
(A) 5 m (B) 20 m (C) 10 m (D) 4 m

34) Um retângulo cuja medida da base é o triplo da altura está inscrito em um triângulo de base 40 cm e altura 20 cm (figura 5.4).

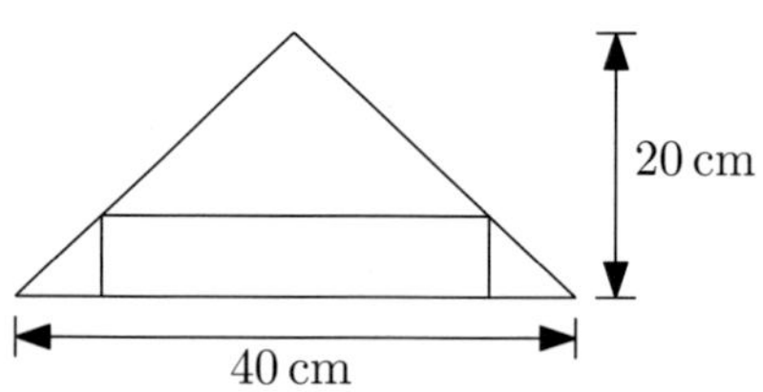


Figura 5.4

Calculando o perímetro do retângulo obtém-se:
(A) 8 cm (B) 32 cm (C) 64 cm (D) 40 cm

35) O perímetro de um retângulo é de 34 m e um dos lados mede 12 m. A medida da diagonal é:
(A) 13 m (B) $\sqrt{265}$ m (C) 43 m (D) $2\sqrt{61}$ m

36) O perímetro de um triângulo retângulo é 30 cm. A medida da hipotenusa

excede a medida de um dos catetos de um centímetro. A soma das medidas dos catetos é:

(A) 12 cm (B) 15 cm (C) 7 cm (D) 17 cm

37) A altura de um triângulo equilátero inscrito numa circunferência de 4 cm de raio mede.

(A) $4 + 2\sqrt{3}$ cm (B) 6 cm (C) 12 cm (D) 8 cm

38) A menor diagonal de um hexágono regular inscrito num círculo mede $5\sqrt{3}$ m. A diagonal do quadrado inscrito no mesmo círculo mede:

(A) 10 m (B) $5\sqrt{2}$ m (C) $5\sqrt{6}$ m (D) $10\sqrt{3}$ m

39) A expressão da área de um triângulo equilátero inscrito em um círculo de raio $r$ é:

(A) $\frac{r^2\sqrt{3}}{4}$ (B) $3r^2\sqrt{3}$ (C) $\frac{3r^2\sqrt{3}}{4}$ (D) $r^2\sqrt{3}$

40) A área de um paralelogramo $ABCD$ é 108 m$^2$. Diminuindo-se 2 m na base e considerando-se $\frac{2}{3}$ da altura, obtém-se outro paralelogramo, cuja área é de 60 m$^2$. A altura do paralelogramo $ABCD$ mede:

(A) 12 m (B) 18 m (C) 6 m (D) 9 m

## Capítulo 6

# Prova 1980/1981

1) O soldado João e o cabo Antônio têm quantias iguais. Se o Cb Antônio der R$ $100,00$ ao Sd João, este ficará com que quantia a mais que o Cb Antônio?
(A) R$ $500,00$ (B) R$ $100,00$ (C) R$ $200,00$ (D) R$ $300,00$

2) A diferença entre um número par e um número ímpar é sempre:
(A) igual a um
(B) um nº par
(C) um nº ímpar
(D) um nº par ou ímpar

3) A propriedade da adição que diz: "A ordem das parcelas não altera a soma" é:
(A) comutativa
(B) distributiva
(C) associativa
(D) elemento neutro

4) Dadas as frações: $\frac{1}{2}$, $\frac{1}{3}$, $\frac{2}{3}$ e $\frac{3}{4}$, a maior delas é:
(A) $\frac{1}{2}$ (B) $\frac{1}{3}$ (C) $\frac{2}{3}$ (D) $\frac{3}{4}$

5) O valor de $\frac{2}{5}$ de R$ $100,00$ é:
(A) R$ $50,00$ (B) R$ $40,00$ (C) R$ $250,00$ (D) R$ $10,00$

6) O valor numérico da expressão $\frac{[4+2\cdot(-5)]}{(-2-1)}$ é:
(A) 7 (B) 1 (C) 2 (D) 6

7) Calculando $\frac{3}{4}$ de 4 h 30 min 20 s, obtemos:
(A) 3 h 15 min 30 s
(B) 15 h 30 min 30 s
(C) 15 h 31 min
(D) 3 h 22 min 45 s

8) Para que o número $2a78$ seja divisível por 9, o valor da letra $a$ deverá ser:
(A) 1 (B) 0 (C) 3 (D) 9

9) O máximo divisor comum entre 24 e 36 é:
(A) 9 (B) 6 (C) 12 (D) 4

10) Adicionando 10 ao simétrico de 7, temos:
(A) 3 (B) $-17$ (C) $-3$ (D) 17

11) Para ladrilhar $\frac{5}{7}$ do pátio do quartel empregaram 46.360 ladrilhos. Quantos ladrilhos iguais serão necessários para ladrilhar $\frac{3}{8}$ do mesmo pátio?
(A) 29.433 (B) 23.943 (C) 23.439 (D) 24.339

12) A diferença $1 - 0,935$ é igual a:
(A) $1,065$ (B) $0,065$ (C) $0,165$ (D) $0,075$

13) O quociente da divisão de $0,00126$ por $0,003$ é:
(A) $0,42$ (B) $0,042$ (C) $4,2$ (D) $0,0042$

14) Durante uma corrida rústica o atleta vencedor percorreu 326 dam. Esta distância corresponde a:
(A) $32,6$ km (B) 326 km (C) $3,26$ km (D) $0,326$ km

15) Uma superfície de 3 km$^2$ é igual a:
(A) 3 ha (B) 30 ha (C) 3.000 ha (D) 300 ha

16) Qual a fração equivalente a $\frac{2}{3}$ cuja soma de seus termos é 40?
(A) $\frac{16}{24}$ (B) $\frac{12}{28}$ (C) $\frac{10}{30}$ (D) $\frac{15}{25}$

17) Num mapa, uma distância de 18 cm está representando uma distância real de 18 km. A escala desse mapa é:

(A) $\frac{1}{1000}$ (B) $\frac{1}{100}$ (C) $\frac{1}{10000}$ (D) $\frac{1}{100000}$

18) Reduzindo os termos semelhantes da expressão algébrica $8xy - 4ab + 2ab - x - 7xy + 2ab - xy + x + 1$, encontramos:
(A) $xy$ (B) $x$ (C) 1 (D) $ab$

19) No universo $\mathbb{Q}$, o conjunto solução da equação, $3x - (x - \frac{x-3}{3}) = -1$ é:
(A) $\{\}$ (B) $\{1\}$ (C) $\{-1\}$ (D) $\{0\}$

20) Que valor podemos atribuir a letra $a$, para que a equação $(a - 3)x = b$ seja determinada:
(A) $a = 1$ (B) $a \neq 3$ (C) $a \neq 1$ (D) $a = 3$

21) O valor numérico da expressão algébrica abaixo para $a = 2$, $b = 3$ e $c = 4$ é igual a:

$$\frac{\frac{1}{a} + \frac{1}{b+c}}{\frac{1}{a} - \frac{1}{b+c}} \div \frac{\frac{1}{b} + \frac{1}{a+c}}{\frac{1}{b} - \frac{1}{a+c}}$$

(A) $\frac{3}{5}$ (B) 5 (C) $\frac{5}{3}$ (D) 1

22) $(a - b)^2 - (a + b)^2$ equivale a:
(A) $a$ (B) $+4ab$ (C) $-4ab$ (D) $b$

23) Na fatoração completa do binômio $x^8 - 1$, encontramos:
(A) 2 fatores
(B) 4 fatores
(C) 6 fatores
(D) 8 fatores

24) Transformando o trinômio $x^2 + 15x + 50$ num produto de dois binômios, os termos não comuns são:
(A) $+5$ e $+10$
(B) $-10$ e $+50$
(C) $+10$ e $+50$
(D) $-10$ e $+5$

25) A fração que devemos dividir por $\frac{2a}{3b}$, para termos um quociente igual a $\frac{3b^2}{2a^2}$ é:

(A) $\frac{a}{b}$ (B) $\frac{9b^2}{4a^3}$ (C) $\frac{4a^3}{9b^3}$ (D) $\frac{b}{a}$

26) Qual a condição para que a equação $5x + b = a$ tenha raiz nula?
(A) $a = b$ (B) $a = 0$ (C) $a \neq b$ (D) $b = 0$

27) Fatorando a expressão $x^3 - xy^2 + x^2y - y^2$ encontramos:
(A) $(x - y)(x^2 - y^2)$
(B) $(x + y)(x^2 - y^2)$
(C) $(x - y)^2(x^2 - y^2)$
(D) $(x + y)^2(x^2 - y^2)$

28) No Universo $\mathbb{Z}$, o conjunto solução da equação $\frac{1}{2}(\frac{2x}{3} + 4) - \frac{7\frac{1}{2} - x}{3} = \frac{x}{2}(\frac{6}{3} - 1)$, é:
(A) $\{\}$ (B) $\{-3\}$ (C) $\{3\}$ (D) $\{0\}$

29) O ângulo interno de um hexágono regular mede:
(A) 60° (B) 120° (C) 180° (D) 30°

30) As menores dimensões de dois retângulos semelhantes medem respectivamente, 3 m e 12 m. Se a medida da diagonal do menor é 5 m, podemos afirmar que a medida da diagonal do maior é:
(A) 16 m (B) 4 m (C) 15 m (D) 20 m

31) Se a hipotenusa de um triângulo retângulo mede 13 m e um dos seus catetos 12 m, podemos afirmar que o outro cateto mede:
(A) 1 m (B) 5 m (C) 14 m (D) 25 m

32) As raízes da equação $6 = 5x - x^2$ são:
(A) 2 ou 3
(B) 1 ou 6
(C) iguais a 2
(D) 5 ou 6

33) O valor da expressão $\sqrt{8} - \sqrt{2} + \sqrt{18}$ é:
(A) 0 (B) $\sqrt{24}$ (C) $4\sqrt{2}$ (D) $2\sqrt{3}$

34) Se a área de um círculo é 9 m$^2$, podemos afirmar que o comprimento de sua circunferência é:

(A) $3\pi$ m (B) 3 m (C) $18\pi$ m (D) $6\pi$ m

35) Se a área de um quadrado é 25 $m^2$, podemos afirmar que sua diagonal mede:
(A) 10 m (B) $5\sqrt{2}$ m (C) 5 m (D) $2\sqrt{5}$ m

36) Se o perímetro de um triângulo retângulo é 24 m e sua hipotenusa mede 10 m, podemos afirmar que a sua área é:
(A) 24 $m^2$ (B) 70 $m^2$ (C) 12 $m^2$ (D) 120 $m^2$

37) Se o lado de um triângulo equilátero mede 12 m, podemos afirmar que a sua área é:
(A) 36 $m^2$ (B) $6\sqrt{3}$ $m^2$ (C) 72 $m^2$ (D) $36\sqrt{3}$ $m^2$

38) Se os lados de um paralelogramo medem, respectivamente 10 m e 12 m e, se um de seus ângulos internos mede $150°$, então sua área será:
(A) 120 $m^2$ (B) 60 $m^2$ (C) 44 $m^2$ (D) 22 $m^2$

39) Se a medida dos lados de um losango for 2 m e a medida de sua menor diagonal, também for 2 m, então sua área será:
(A) $\sqrt{3}$ $m^2$ (B) 4 $m^2$ (C) $2\sqrt{3}$ $m^2$ (D) 12 $m^2$

40) Se os lados de um trapézio retangular medem, respectivamente, 4 m, 6 m, 10 m e 12 m, então sua área mede:
(A) 56 $m^2$ (B) 36 $m^2$ (C) 32 $m^2$ (D) 48 $m^2$

# Capítulo 7

# Prova 1981/1982

1) Sendo $A = \{2, 3, x, 5, 6\}$ e $B = \{3, 4, 5, y, 7\}$ e $A \cap B = \{3, x, 5, y\}$, então $x$ e $y$ valem, respectivamente:
(A) 4 e 6
(B) 6 e 14
(C) 5 e 6
(D) 4 e 5

2) O sucessivo de $n - 3$ é:
(A) $n - 4$ (B) $n + 4$ (C) $n + 2$ (D) $n - 2$

3) O valor da expressão $\frac{18}{2-4\times\left[\frac{(-1+6)^2}{7^2+8^0}\right]}$ é:
(A) 0 (B) 1 (C) 2 (D) 3

4) Se $a = 2^2 \cdot 3^5$ e $b = 2^3 \cdot 3^2$, então:
(A) MDC $(a, b) = 12$ e MMC $(a, b) = 360$
(B) MDC $(a, b) = 360$ e MMC $(a, b) = 12$
(C) MDC $(a, b) = 360$ e MMC $(a, b) = 240$
(D) MDC $(a, b) = 24$ e MMC $(a, b) = 360$

5) Num retângulo a altura mede 24 dm. A base mede $\frac{3}{2}$ da altura. Então a área do retângulo é:
(A) $86,4$ m (B) $38,4$ m (C) $0,0864$ a (D) $0,0384$ a.

6) Um metro de fio pesa $487,5$ g. Esse fio é para fazer pregos de $0,09$ m de comprimento. Quantos pregos poderão ser feitos com um rolo de $35,1$ kg

desse mesmo fio?
(A) 100 pregos (B) 8.000 pregos (C) 1.000 pregos (D) 800 pregos

7) A diferença entre dois números é 15. Multiplicando-se o maior por 11, a diferença passa a ser 535. Os números são:
(A) 51 e 36 (B) 50 e 35 (C) 52 e 37 (D) 53 e 38

8) A expressão $(\frac{-2^0-2^{-1}}{2^{-1}-2})^{-1}$ é igual a:
(A) $-1$ (B) 3 (C) $-3$ (D) $\frac{1}{3}$

9) O resultado de $\{[(-1)^2]^2\}^3$ é:
(A) $-1$ (B) 1 (C) 0 (D) 12

10) Efetue $\frac{1}{2} - [-0,5 - (-\frac{3}{4} + 0,1)] - (\frac{1}{5} - 0,4)$:
(A) $\frac{11}{20}$ (B) $\frac{15}{17}$ (C) $\frac{17}{20}$ (D) $\frac{11}{15}$

11) Sendo $P_1 = x^3 + 2x^2 - x + 1$; $P_2 = 6 - 5x + 3x^3$ , $P_3 = 2x^3 + 2x^2 + 3x$. O resultado de $P_1 - P_2 + P_3$:
(A) $2x^2 + 5x + 5$
(B) $6x^3 + 4x^2 - 3x + 7$
(C) $4x^2 + 7x - 5$
(D) $-4x^3 - 9x + 7$

12) Sendo $P_1 = 3x^4 - x^2 + 2x - 1$ e $P_2 = x^2 - x + 1$. O quociente de $P_1$ por $P_2$ é:
(A) $3x^2 + 3x - 1$
(B) $3x^2 + x$
(C) $x^2 + 3x - 1$
(D) $3x - 1$

13) Um dos mais utilizados "produtos notáveis" é o quadrado de um binômio. Assim, se tivermos a expressão $(3bx^2 + 2a^3)^2$, o resultado será:
(A) $9b^2x^4 + 4a^6$
(B) $9b^2x^4 + 12a^3bx^2 + 4a^6$
(C) $6b^2x^4 + 4a^6$
(D) $9b^2x^4 - 12a^3bx^2 + 4a^6$

14) A raiz quadrada de $8,25$ com erro menor que $0,01$ é:

(A) 2 (B) $2,87$ (C) $2,88$ (D) 3

15) Sendo $U = \mathbb{Q}$, o valor de $x$ na equação $3x - 13 + x = 10 - x$ é:
(A) $\frac{23}{3}$ (B) $-\frac{3}{5}$ (C) $-1$ (D) $\frac{23}{5}$

16) Sendo $U = \mathbb{Z}$, o conjunto verdade da inequação $-5x + 3 < 53$ é:
(A) $V = \{x \in \mathbb{Z} \mid x > -10\}$
(B) $V = \{x \in \mathbb{Z} \mid x < 10\}$
(C) $V = \{x \in \mathbb{Z} \mid x \geq -10\}$
(D) $V = \{x \in \mathbb{Z} \mid x \leq 10\}$

17) Sendo $U = \mathbb{Q} \times \mathbb{Q}$, resolva o sistema: $\begin{cases} x - 2(1 + y) = 20 \\ 4(3 - x) - 3y = 1 \end{cases}$
(A) $(8, -3)$ (B) $(-7, 8)$ (C) $(8, -7)$ (D) $(3, -1)$

18) A média aritmética simples de $\frac{2}{3}$, $\frac{3}{4}$, $\frac{5}{6}$ e $\frac{3}{8}$ é:
(A) $\frac{32}{21}$ (B) $\frac{21}{32}$ (C) $\frac{252}{24}$ (D) $\frac{63}{24}$

19) Um clube de futebol tem 40 jogadores, dos quais apenas 11 são considerados titulares. A razão entre o número de titulares e o número de jogadores é:
(A) $\frac{29}{40}$ (B) $\frac{11}{40}$ (C) $\frac{11}{29}$ (D) $\frac{29}{11}$

20) A quarta proporcional entre 2, 7 e 18 é:
(A) 35 (B) 49 (C) 56 (D) 63

21) Se 5 operários fazem um serviço em 12 dias, quantos operários farão o mesmo serviço em 10 dias?
(A) 5 (B) 6 (C) 7 (D) 8

22) Quais são os juros de R\$ $50.000,00$ à taxa de $5\%$ao ano, em 3 anos?
(A) R\$ $2.500,00$ (B) R\$ $5.000,00$ (C) R\$ $7.500,00$ (D) R\$ $10.000,00$

23) Fatorando-se o polinômio $a^3 - 4ab^2$, obtemos:
(A) $a(a - 2b)^2$
(B) $a(a + 2b)^2$
(C) $a(a + 2b)(a - 2b)$
(D) $ab(a^2 - 4b)$

24) Se $A = \frac{2a}{3b^2}$ e $B = \frac{2a^3}{9b}$, então $\frac{A}{B}$ é igual a:
(A) $\frac{3}{ab}$ (B) $\frac{4a^4}{27b^3}$ (C) $\frac{a^2b}{3}$ (D) $\frac{3}{a^2b}$

25) O conjunto solução da equação $\frac{3}{x} + \frac{1-2x}{2} = -x$, sendo $U = \mathbb{R}^*$, é:
(A) $\{6\}$ (B) $\{\frac{1}{6}\}$ (C) $\{-\frac{1}{6}\}$ (D) $\{-6\}$

26) Dado $\overline{AB} = 16$ cm, considere um ponto $C$ entre $A$ e $B$ tal que $\overline{AC} = 10$ cm. Sendo $P$ o ponto médio de $\overline{AB}$ e $Q$ o ponto médio de $\overline{CB}$, então $\overline{PQ}$ mede:
(A) 5 cm (B) 11 cm (C) 6 cm (D) 9 cm

27) Se dois ângulos $\widehat{a}$ e $\widehat{b}$ são opostos pelo vértice, então $\widehat{a}$ e $\widehat{b}$ são necessariamente:
(A) suplementares
(B) replementares
(C) adjacentes
(D) congruentes

28) Na figura 7.1 abaixo $a = c = 30°$ e $a + b + c = 120°$.

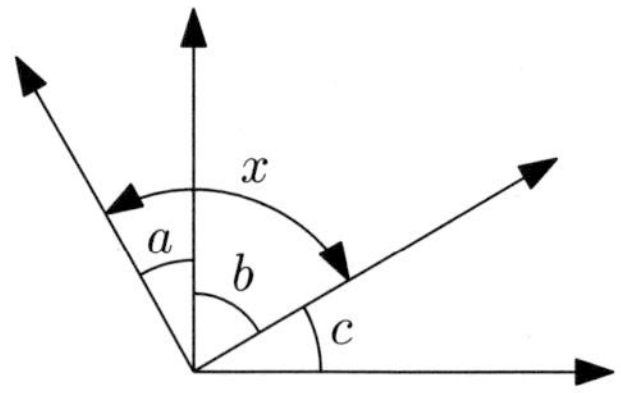


Figura 7.1

Então, $\widehat{x}$ é:
(A) agudo (B) obtuso (C) reto (D) raso

29) Observando a figura 7.2, a medida do ângulo $\widehat{B}$ é:

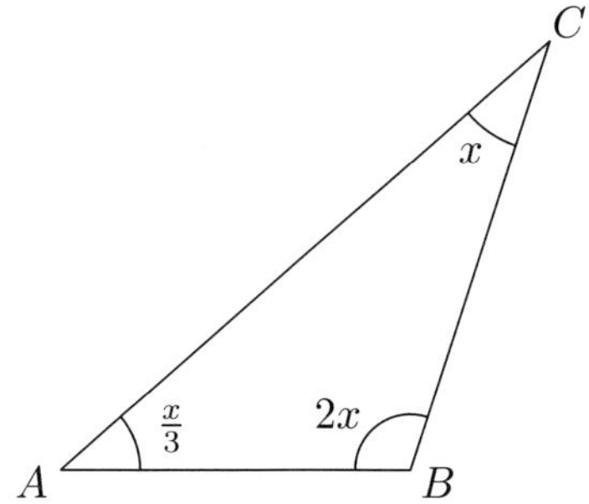


Figura 7.2

(A) $54°$ (B) $18°$ (C) $108°$ (D) $110°$

30) Reduzindo a uma só potência a expressão $\frac{x^{3^2}}{(x^3)^2}$, vamos obter:

(A) 1 (B) 0 (C) $x$ (D) $x^3$

31) Sendo $A = 33°\,53'\,41''$ e $B = 14°\,12'\,49''$, o resultado da operação $A - B$ é:

(A) $19°\,41'\,52''$
(B) $19°\,41'\,08''$
(C) $19°\,40'\,52''$
(D) $19°\,40'\,08''$

32) A equação $ax^2 + bx + c = 0$ $(a \neq 0)$ terá duas raízes reais e simétricas, quando:

(A) $b = 0, c > 0$ e $a > 0$
(B) $b = 0, c < 0$ e $a > 0$
(C) $b = 0, c = 0$ e $a = 0$
(D) $b = 0, c < 0$ e $a < 0$

33) A menor raiz da equação $x^2 - x - 6 = 0$ é:

(A) $-2$ (B) 3 (C) 1 (D) 2

34) A equação $(m^2 - 1)x^2 + 4mx + 3 = 0$ será do 2º grau, somente se:

(A) $m = \pm 1$ (B) $m = 1$ (C) $m = -1$ (D) $m \neq \pm 1$

35) A soma $(S)$ e o produto $(P)$ das raízes da equação $5x^2 + 3x - 4 = 0$

é:
(A) $S = -3$ e $P = -4$
(B) $S = 3$ e $P = -4$
(C) $S = -\frac{3}{5}$ e $P = -\frac{4}{5}$
(D) $S = \frac{3}{5}$ e $P = -\frac{4}{5}$

36) A equação $3x^2 - 6x + p = 0$ tem suas raízes iguais para $p$ igual a:
(A) 3 (B) $-3$ (C) 2 (D) $\frac{1}{3}$

37) O losango cujo lado mede 5 m e uma das diagonais mede 8 m tem como área:
(A) 48 $m^2$ (B) 40 $m^2$ (C) 24 $m^2$ (D) 20 $m^2$

38) O conjunto verdade da equação $\sqrt[3]{3x-1} = \sqrt[3]{x+5}$ é:
(A) $V = \{\frac{1}{3}\}$ (B) $V = \{-5\}$ (C) $V = \{-3\}$ (D) $V = \{3\}$

39) Indicando as medidas dos lados de um triângulo por $a$, $b$ e $c$, se tivermos a relação $b^2 < a^2 - c^2$, podemos afirmar que o triângulo é:
(A) retângulo
(B) acutângulo
(C) obtusângulo
(D) isósceles

40) A diagonal de um quadrado circunscrito a uma circunferência mede 8 cm. O raio dessa circunferência mede:
(A) $\sqrt{2}$ cm (B) $2\sqrt{2}$ cm (C) 2 cm (D) $4\sqrt{2}$ cm

# Capítulo 8

# Prova 1982/1983

1) Dado o número $57a3b$, substituindo $a$ e $b$, respectivamente, por algarismos que tornem esse número divisível por 2, 5 e 9 ao mesmo tempo, encontramos:
(A) 7 e 5 (B) 3 e 0 (C) 7 e 0 (D) 7 e 9

2) Gastei R\$ $800,00$ e fiquei ainda com $\frac{5}{9}$ da minha mesada. Minha mesada é de:
(A) R\$ $1.440,00$
(B) R\$ $1.800,00$
(C) R\$ $7.770,00$
(D) R\$ $4.000,00$

3) O MDC de dois números é 75; o maior deles é 300 e o menor é diferente de 75. O menor número é, portanto:
(A) $5^3$ (B) $3 \cdot 5^2$ (C) $3^2 \cdot 5^2$ (D) $2 \cdot 3 \cdot 5$

4) O cabo Praxedes tira serviço a cada 5 dias e o soldado Atanagildo, a cada 7 dias. Os dois estão de serviço hoje; logo tirarão serviço juntos novamente daqui a:
(A) 12 dias (B) 14 dias (C) 17 dias (D) 35 dias

5) Número primo é aquele que possui apenas dois divisores. Logo, o menor número primo é:
(A) 1 (B) 2 (C) 3 (D) 0

6) A geratriz da dízima periódica $0,070707\ldots$ é:

(A) $\frac{7}{90}$ (B) $\frac{7}{9}$ (C) $\frac{7}{99}$ (D) $\frac{707}{999}$

7) Efetuando $0,333\ldots + 1\frac{2}{3}$, encontramos:
(A) 2 (B) $1,9$ (C) $0,9$ (D) $2,0333\ldots$

8) O volume da caixa d'água de uma Unidade é 12 m$^3$. Estando a caixa cheia e gastando cada homem 10 litros d'água num banho, podem banhar-se portanto:
(A) 12.000 homens
(B) 120 homens
(C) 1.200 homens
(D) 120.000 homens

9) Sabendo-se que 1 m$^2$ de grama custa R\$ $20,00$, a despesa para gramar um campo de futebol que mede 80 m de comprimento e 50 m de largura é:
(A) R\$ $80.000,00$
(B) R\$ $2.600,00$
(C) R\$ $26.000,00$
(D) R\$ $600,00$

10) Um termômetro marcava $-4°$ pela manhã, mas à tarde a temperatura aumentou para $6°$. Houve, portanto, uma variação de:
(A) 2 (B) 10 (C) 24 (D) $1,5$

11) Efetuando $(x^2)^3 - (x^3)^2 + x^0$, encontramos:
(A) $x^5$ (B) 0 (C) 1 (D) 2

12) Se o valor numérico da expressão $2x + 7$ é 13, então $x$ vale:
(A) 3 (B) 6 (C) 4 (D) 5

13) Resolvendo: $3x - 4(x - 2) = 8$, encontramos para $x$ o valor:
(A) 0 (B) 1 (C) 2 (D) 3

14) Efetuando $\sqrt{9} + \sqrt{4}$, encontramos:
(A) 13 (B) 6 (C) 5 (D) 9

15) Se $3x + 5 > x + 12$ então, um valor de $x$ que satisfaz a inequação é:
(A) 3 (B) 2 (C) 4 (D) $-5$

16) Se $x^2 - 3x = 0$, então, os valores de $x$ que satisfazem a equação são:
(A) $0$ e $-3$ (B) $3$ e $9$ (C) $0$ e $3$ (D) $9$ e $6$

17) Se $x^2 - 12x + 35 = 0$ então, os valores de $x$ que satisfazem a equação são:
(A) $-12$ e $35$ (B) $-35$ e $12$ (C) $5$ e $7$ (D) $-5$ e $-7$

18) Fatorando o trinômio $x^2 - x - 42$, encontramos:
(A) $(x-6)(x-7)$
(B) $(x-7)(x+6)$
(C) $(x+7)(x+6)$
(D) $(x-1)(x-42)$

19) Simplificando: $\frac{(2x+6)(x^2-7x+10)}{2(x+3)(x^2-8x+15)}$, encontramos:
(A) $\frac{x-3}{x-2}$ (B) $\frac{x-2}{x-3}$ (C) $\frac{x+3}{x+2}$ (D) $\frac{x-2}{x+3}$

20) O General Osório foi vencedor em Tuiuti (1866), quando tinha $58$ anos. Qual a sua idade ao falecer em 1879?
(A) 61 anos (B) 81 anos (C) 77 anos (D) 71 anos

21) Efetuando $\frac{2^3.2^2}{2^4}$, encontramos:
(A) 2 (B) $2^2$ (C) $2^9$ (D) $2^{20}$

22) O resultado de $\sqrt[3]{-\frac{8}{27}}$ é:
(A) $-\frac{2}{3}$ (B) $\frac{2}{3}$ (C) $\frac{2}{9}$ (D) $-\frac{2}{9}$

23) O cubo de $0,2$ é:
(A) $0,8$ (B) $0,08$ (C) $0,008$ (D) $0,0008$

24) Um disco de $33\frac{1}{3}$ rotações por minuto toca durante $15$ minutos, perfazendo:
(A) 495 rotações (B) 500 rotações (C) 515 rotações (D) 660 rotações

25) Racionalizando $\frac{2}{3+\sqrt{2}}$, obtemos:
(A) $\frac{6-2\sqrt{3}}{5}$ (B) $\frac{6-2\sqrt{2}}{7}$ (C) $\frac{2+\sqrt{2}}{7}$ (D) $\frac{4-\sqrt{2}}{11}$

26) As abcissas dos pontos de interseção da parábola que representa função

$y = x^2 + x - 6$, com eixo $x$ são:

(A) $1$ e $-2$ (B) $3$ e $-2$ (C) $-2$ e $-3$ (D) $-3$ e $2$

27) O ponto em que a reta $y = 3x + 9$ corta o eixo das abcissas é:

(A) $(3, 0)$ (B) $(0, -3)$ (C) $(0, 3)$ (D) $(-3, 0)$

28) Calculando o valor da expressão $\frac{60^\circ\, 30' - 25^\circ\, 59'\, 18''}{2}$, obtém-se:

(A) $17^\circ\, 15'\, 21''$ (B) $17^\circ\, 25'\, 09''$ (C) $17^\circ\, 28'\, 21''$ (D) $17^\circ\, 30'\, 09''$

29) Se dois ângulos são suplementares e a medida de um deles é o triplo da medida do outro, então as medidas dos ângulos são:

(A) $20^\circ$ e $60^\circ$ (B) $25^\circ$ e $75^\circ$ (C) $30^\circ$ e $90^\circ$ (D) $45^\circ$ e $135^\circ$

30) O valor de $x$ na figura 8.1, sendo $r \parallel s$, é:

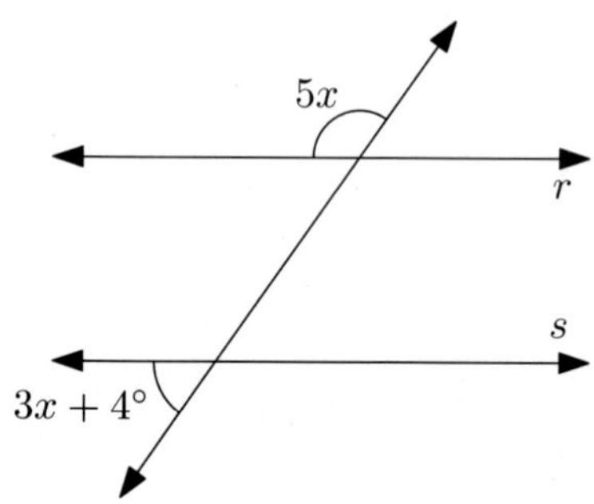


Figura 8.1

(A) $2^\circ$ (B) $15^\circ$ (C) $22^\circ$ (D) $30^\circ$

31) Na figura 8.2, calculando o valor de $x + y$, obtém-se:

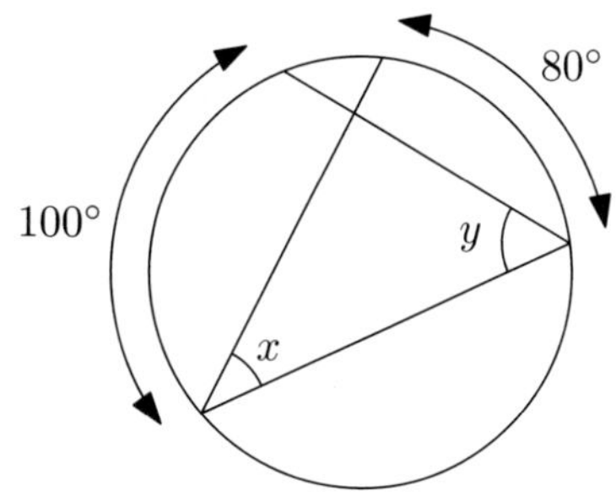


Figura 8.2

(A) 90° (B) 130° (C) 140° (D) 180°

32) Quantas diagonais há no polígono regular, cuja medida do ângulo externo é 45°:

(A) 10 (B) 15 (C) 20 (D) 25

33) O valor de $x$ na figura 8.3 é:

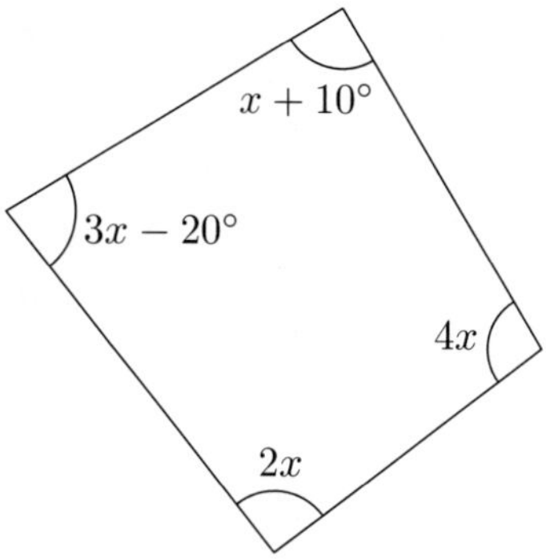


Figura 8.3

(A) 16 (B) 25 (C) 30 (D) 37

34) Calcule o valor de $x$ e $y$ no triângulo retângulo da figura 8.4:

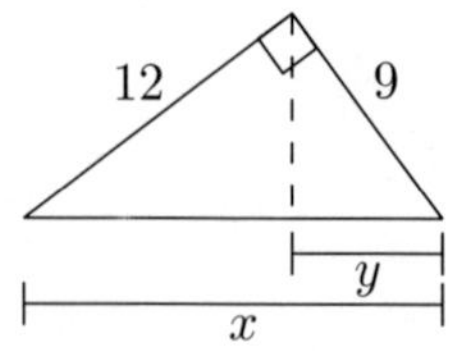


Figura 8.4

(A) $x = 15$ e $y = 5,4$
(B) $x = 18$ e $y = 4,2$
(C) $x = 15$ e $y = 4,2$
(D) $x = 18$ e $y = 5,4$

35) Calculando $x$ na figura 8.5, obtém-se:

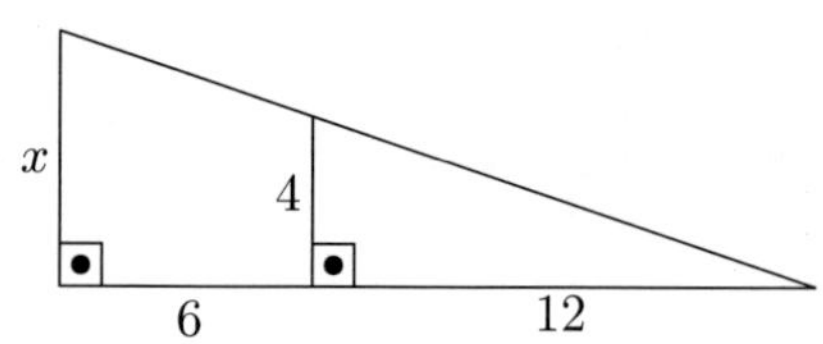


Figura 8.5

(A) 18 (B) 15 (C) 12 (D) 6

36) Se a diagonal de um quadrado é $3\sqrt{2}$ cm, então o perímetro desse quadrado é:
(A) 6 cm (B) 9 cm (C) 12 cm (D) 15 cm

37) O lado de um quadrado circunscrito a um círculo mede 12 cm. Então a área do círculo vale:
(A) $12\pi$ cm$^2$ (B) $36\pi$ cm$^2$ (C) $48\pi$ cm$^2$ (D) $144\pi$ cm$^2$

38) O diâmetro de uma circunferência cujo comprimento é $12\pi$ cm é:
(A) 2 cm (B) 6 cm (C) 12 cm (D) 24 cm

39) A altura de um triângulo cujo lado mede $2\sqrt{3}$ cm é:
(A) 2 cm (B) 3 cm (C) 4 cm (D) 5 cm

40) Num losango em que um lado mede 10 cm e uma das diagonais 16 cm, então a medida da outra diagonal é:

(A) 12 cm (B) 15 cm (C) 18 cm (D) 21 cm

# Capítulo 9

# Prova 1983/1984

1) O menor valor do dividendo de uma divisão cujo quociente e o resto são iguais $a$ 5 é:

(A) 40 (B) 35 (C) 45 (D) 30

2) O número constituído por 3 unidades de 5ª ordem, 2 unidades de milhar, 356 dezenas e 7 unidades de 1ª ordem é:

(A) 32.363 (B) 35.567 (C) 33.567 (D) 32.567

3) A quantidade de algarismos necessários para se escrever todos os números pares compreendidos entre 33 e 598 é:

(A) 819 (B) 816 (C) 815 (D) 813

4) Num exame, havia 180 candidatos. Tendo sido aprovados 60, a razão entre o número de reprovados e o de aprovados é de:

(A) $\frac{1}{2}$ (B) 2 (C) $\frac{1}{3}$ (D) 3

5) Se numa adição de três parcelas multiplicarmos cada parcela por 5, a soma fica:

(A) multiplicada por 5
(B) multiplicada por 15
(C) multiplicada por 3
(D) inalterada

6) O menor número pelo qual se deve multiplicar 56 a fim de que se obtenha um múltiplo de 88 é:

(A) 7 (B) 77 (C) 121 (D) 11

7) Em cada passo que dou sempre ando 40 cm. Como tenho que percorrer 800 metros, quantos passos devo dar?
(A) 2.000 (B) 200 (C) 20 (D) 20.000

8) Se $\frac{6}{10} = \frac{5}{x}$, então, podemos afirmar que:
(A) $x = 1$ (B) $x = \frac{1}{3}$ (C) $x = \frac{50}{6}$ (D) $x = 3$

9) O ângulo cujos $\frac{3}{5}$ medem $15^\circ\, 09'\, 21''$ é:
(A) $75^\circ\, 46'\, 45''$
(B) $25^\circ\, 15'\, 35''$
(C) $45^\circ\, 27'\, 63''$
(D) $9^\circ\, 5'\, 36,6''$

10) A diferença entre o menor número de cinco algarismos e o maior número de três algarismos é:
(A) 99 (B) 1.001 (C) 9.001 (D) 909

11) O produto de dois números é 1.176 e o mínimo múltiplo comum é 84. O máximo divisor comum desses mesmos números é:
(A) 84 (B) 42 (C) 14 (D) 28

12) Tendo 36 fitas gravadas, para cada 3 fitas de música brasileira tenho uma fita de música estrangeira. Quantas fitas de cada gênero tenho?
(A) 9 brasileiras e 27 estrangeiras
(B) 12 brasileiras e 12 estrangeiras
(C) 24 brasileiras e 12 estrangeiras
(D) 27 brasileiras e 9 estrangeiras

13) O resultado da expressão $3,7$ km $+\ 0,8$ hm $+\ 425$ cm, em decâmetros é:
(A) $378,425$ (B) $382,25$ (C) $450,425$ (D) $45,425$

14) O conjunto resultante da operação $\mathbb{Z}_+ \cap \mathbb{Z}_-$ é:
(A) $\emptyset$ (B) $\mathbb{Z}$ (C) $\{0\}$ (D) $\mathbb{Z}^*$

15) O valor da expressão $\frac{1}{3} - 4 + \frac{1}{2}(-3)$ é:

(A) $-5\frac{1}{6}$ (B) $\frac{5}{6}$ (C) $+5\frac{1}{6}$ (D) $-1\frac{5}{6}$

16) As expressões $-(\frac{1}{3})^2$ e $(-\frac{1}{3})^2$ são, respectivamente, iguais a:
(A) $\frac{1}{9}$ e $-\frac{1}{9}$ (B) $-\frac{1}{9}$ e $-\frac{1}{9}$ (C) $-\frac{1}{9}$ e $\frac{1}{9}$ (D) $\frac{1}{9}$ e $\frac{1}{9}$

17) A expressão $(3 \cdot 3^2 \cdot 3^3)^4$ é igual a:
(A) $3^{20}$ (B) $3^{1296}$ (C) $3^{625}$ (D) $3^{24}$

18) A fração $\frac{a^2-1}{7a^2-7a}$ é equivalente a:
(A) $a+1$ (B) $\frac{a+1}{7a}$ (C) $7a$ (D) $\frac{1}{7}$

19) A diferença entre $2x^2 - 5x + 3$ e $2x^2 - 6x + 2$ é:
(A) $-11x + 5$ (B) $x + 1$ (C) $x + 5$ (D) $11x - 5$

20) O conjunto verdade ou solução da inequação $14 - 3x < 2x + 29$, considerando o $U = \mathbb{Q}$, é:
(A) $V = \{x \in \mathbb{Q} \mid x < -3\}$
(B) $V = \{x \in \mathbb{Q} \mid x < 3\}$
(C) $V = \{x \in \mathbb{Q} \mid x > -3\}$
(D) $V = \{x \in \mathbb{Q} \mid x > 3\}$

21) A única sentença verdadeira é:
(A) $\sqrt[3]{\sqrt{a}} = \sqrt[5]{a}$
(B) $\sqrt{a^2 + b^2} = a + b$
(C) $\sqrt{a} \cdot \sqrt{a} = a$
(D) $\sqrt[3]{a} \cdot \sqrt[3]{a} = \sqrt[3]{2a}$

22) Racionalizando o denominador da expressão $\frac{9}{2\sqrt{3}}$, obtemos:
(A) $4\sqrt{3}$ (B) $\frac{\sqrt{3}}{2}$ (C) $\sqrt{3}$ (D) $\frac{3\sqrt{3}}{2}$

23) O maior dos radicais $\sqrt{2}$; $\sqrt[3]{3}$; $\sqrt[4]{5}$; $\sqrt[6]{10}$ é:
(A) $\sqrt[6]{10}$ (B) $\sqrt[4]{5}$ (C) $\sqrt[3]{3}$ (D) $\sqrt{2}$

24) As raízes da equação $x^2 - 3x - 10 = 0$ são:
(A) 2 e 3 (B) 2 e 5 (C) $-2$ e 5 (D) $-2$ e $-10$

25) Se $x + y = 0$ e $x - y = 2$, então o valor de $x^2 - 2xy + y^2$ é:
(A) 4 (B) 0 (C) 2 (D) $-2$

26) Dada a equação $x^2 + 7x + m = 0$ e uma raiz igual a $-1$, o valor de $m$ é:
(A) 8 (B) $-8$ (C) 6 (D) $-6$

27) A equação que não admite raízes reais é:
(A) $3x^2 - 1$ (B) $-x^2 + 1$ (C) $x^2 + 25$ (D) $x^2 - 3 = 0$

28) O comprimento de uma circunferência de raio 10 cm é:
(A) $20\pi$ cm (B) $25\pi$ cm (C) $15\pi$ cm (D) $30\pi$ cm

29) Se num triângulo os três ângulos são diferentes, podemos afirmar que:
(A) o maior lado se opõe ao maior ângulo
(B) o triângulo é isósceles
(C) o triângulo possui os lados iguais
(D) a soma dos ângulos internos é igual a 3 retos

30) Observando os triângulos da figura 9.1, podemos afirmar que:

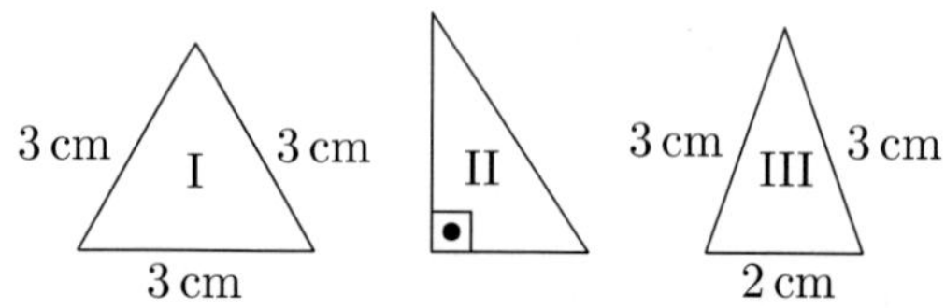


Figura 9.1

(A) os três são equiláteros
(B) o I é equilátero, o II e o III são escalenos
(C) o I é equilátero, o II é retângulo e o III é isósceles
(D) o I é equilátero, o II é retângulo e o III é escaleno

31) Na circunferência da figura 9.2, cujo raio é de 5 cm, o comprimento do arco $AB$ é:

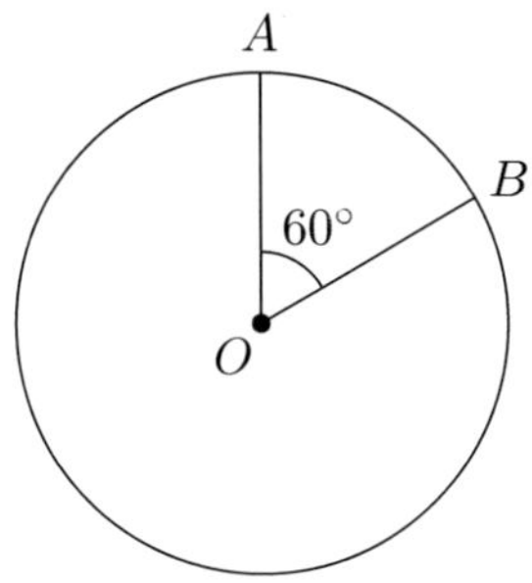


Figura 9.2

(A) $60\pi$ cm (B) $30\pi$ cm (C) $\frac{10\pi}{3}$ cm (D) $\frac{5\pi}{3}$ cm

32) Os catetos de um triângulo retângulo medem 8 m e 6 m. Quanto mede sua hipotenusa?
(A) 5 m (B) 10 m (C) 15 m (D) 20 m

33) Qual o perímetro de um hexágono regular inscrito em um círculo de 6 cm de raio?
(A) 36 cm (B) $36\pi$ cm (C) $36\sqrt{3}$ cm (D) 18 cm

34) Na figura 9.3, as retas $A$, $B$, e $C$ são paralelas. Qual o comprimento de $x$?

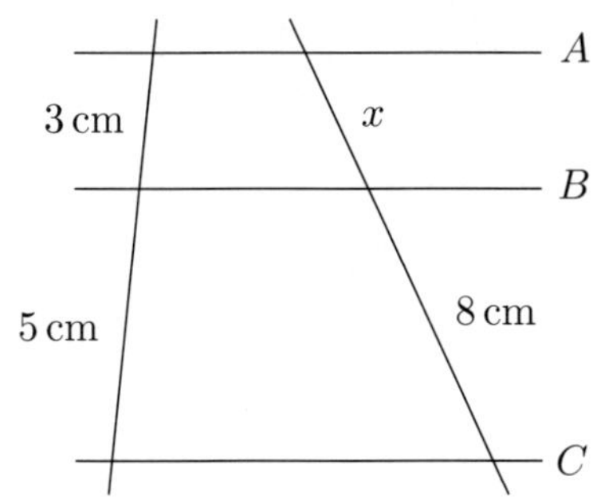


Figura 9.3

(A) 6 cm (B) 5 cm (C) $4,8$ cm (D) $4,6$ cm

35) Que comprimento deve ter o lado de um quadrado, para que sua área seja igual á de um retângulo cujos lados medem $4$ m e $16$ m?

(A) $10$ m (B) $10,5$ m (C) $8$ m (D) $8,5$ cm

36) No triângulo da figura 9.4, as dimensões são: $\overline{AB} = 10$ m; $\overline{AC} = 12$ m; $\overline{BC} = 18$ m. Sabendo-se que $AD = 8$ m e $\overline{DE} \parallel \overline{BC}$, qual o comprimento de $\overline{DE}$?

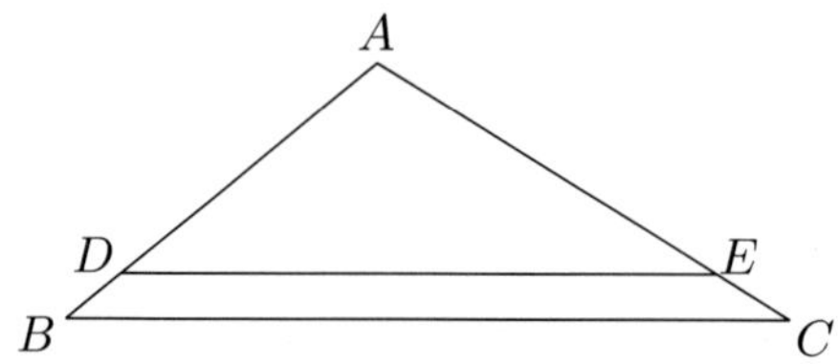


Figura 9.4

(A) $7,2$ m (B) $14,4$ m (C) $7,8$ m (D) $15,6$ m

37) O triângulo da figura 9.5 é isósceles e seu perímetro é de $150$ cm. Qual a medida da base $\overline{AC}$, sabendo-se que ela mede a metade do lado?

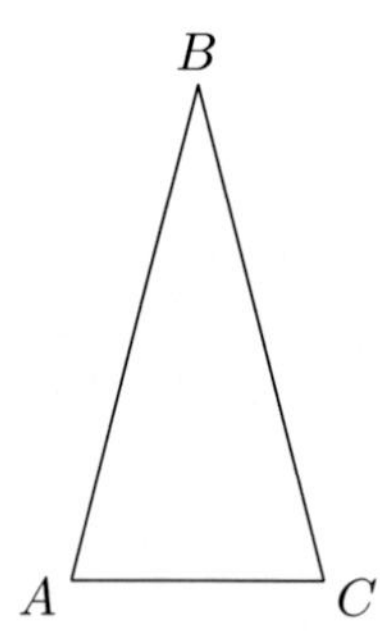


Figura 9.5

(A) $30$ cm (B) $60$ cm (C) $50$ cm (D) $75$ cm

38) Na figura 9.6 tem-se: $\overline{PA} = x$; $\overline{PB} = 3x$; $\overline{PC} = 3$ cm e $\overline{PD} = 4$ cm. O comprimento $\overline{PB}$ vale:

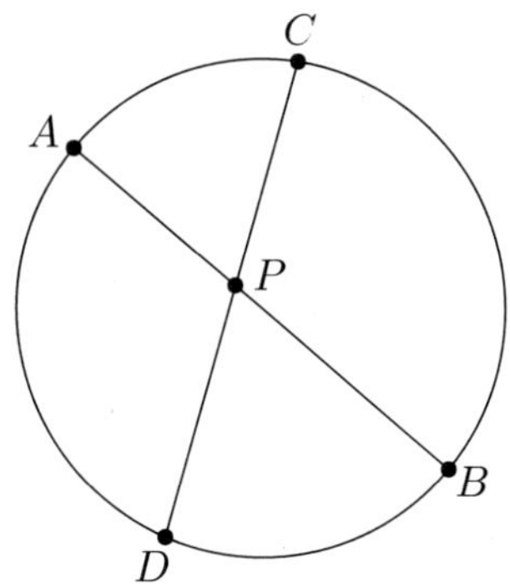


Figura 9.6

(A) 2 cm (B) $5,5$ cm (C) $5$ cm (D) $6$ cm

39) Na figura 9.7 um cateto mede $8$ cm e a hipotenusa mede $10$ cm. Qual o comprimento de $\overline{AB}$?

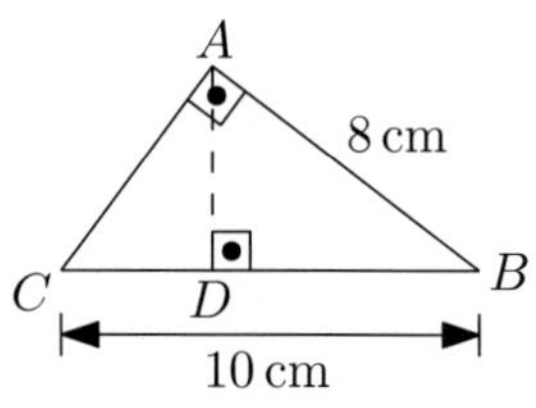


Figura 9.7

(A) $6$ cm (B) $3,6$ cm (C) $6,4$ cm (D) $7,2$ cm

40) Calcular o comprimento da tangente $\overline{PT}$ sabendo que a distância do ponto $P$ ao centro do círculo é de $15$ cm e que o raio mede $9$ cm:

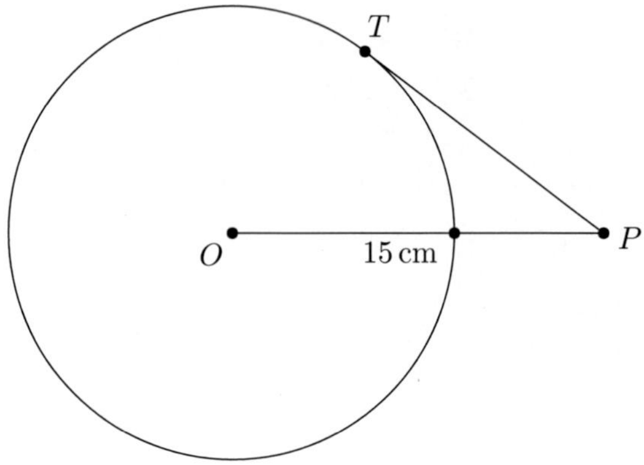


Figura 9.8

(A) 12 cm (B) 14 cm (C) 16 cm (D) 6 cm

# Capítulo 10

# Prova 1984/1985

1) Efetuando $\frac{510204,13}{102}$, temos:
(A) $5.020,012$ (B) $5.002,001$ (C) $5.200,127$ (D) $5.021,278$

2) Dado o número $10a7b$, substituindo $a$ e $b$, respectivamente, por algarismos que tornem esse número divisível por $5$ e $6$ ao mesmo tempo, encontramos:
(A) $1$ e $0$ (B) $2$ e $5$ (C) $5$ e $0$ (D) $1$ e $2$

3) Sabe-se que $x = 2^4 \cdot 3 \cdot 5$ e $y = 2^2 \cdot 3^2 \cdot 7$; então o MDC $(x, y)$ será:
(A) $60$ (B) $48$ (C) $12$ (D) $64$

4) O menor múltiplo comum de dois números é $9000$. O maior deles é $500$ e o menor, que não é múltiplo de $5$, é:
(A) $48$ (B) $24$ (C) $72$ (D) $144$

5) Das frações $\frac{3}{4}$, $\frac{2}{3}$, $\frac{1}{4}$, $\frac{2}{9}$ e $\frac{3}{8}$, a menor é:
(A) $\frac{1}{4}$ (B) $\frac{3}{8}$ (C) $\frac{2}{3}$ (D) $\frac{2}{9}$

6) Transformando o número $6,456$ em fração, obtemos:
(A) $\frac{807}{250}$ (B) $\frac{807}{125}$ (C) $\frac{1614}{500}$ (D) $\frac{33}{5}$

7) Uma prova de matemática contém $50$ questões. Um aluno acertou $\frac{7}{10}$ das questões. Quantas questões esse aluno errou?
(A) $35$ (B) $32$ (C) $15$ (D) $18$

8) Sabendo que 1 litro = 1 dm$^3$, expresse 250.000 ml em m$^3$.

(A) $2,5$ (B) $0,025$ (C) $25$ (D) $0,25$

9) Efetuar $0,66\ldots + 1\frac{5}{6} - 1$:
(A) $\frac{11}{6}$ (B) $1,5$ (C) $\frac{1}{2}$ (D) $\frac{11}{3}$

10) Resolvendo a proporção $\frac{4}{x+1} = \frac{6}{8}$, obtemos:
(A) $x = \frac{3}{5}$ (B) $x = \frac{6}{5}$ (C) $x = \frac{5}{3}$ (D) $x = \frac{1}{2}$

11) Resolvendo a proporção $\frac{x+3}{x+1} = \frac{3}{5}$, $x \neq 1$, obtemos:
(A) $x = 0$ (B) $x = 4$ (C) $x = -6$ (D) $x = 2$

12) Na equação $(m-3)x + 4(m-5) + 3x = 0$, temos $x = 2$. Então, o valor de $m$ é:
(A) $\frac{10}{3}$ (B) $\frac{3}{10}$ (C) $-\frac{10}{3}$ (D) $-\frac{3}{10}$

13) Resolvendo $a^2 \cdot a^3 \cdot a^{-4}$, obtemos:
(A) $a^2$ (B) 1 (C) $a^-24$ (D) $a$

14) Se $a = -1$ e $b = -2$, o valor numérico de $a^3b^2 - a^2b^3$ será:
(A) $-12$ (B) 4 (C) 8 (D) $-4$

15) Simplificar $\frac{0{,}01 \cdot 1000}{10^{-2} \cdot 0{,}001 \cdot 10^4}$:
(A) $0,1$ (B) 10 (C) 100 (D) $10^{-2}$

16) Quando multiplicamos o denominador de uma fração por 2, o valor desta fração fica:
(A) multiplicado por quatro
(B) dividido por 2
(C) multiplicado por 2
(D) dividido por 4

17) Resolvendo a equação do 1º grau $\frac{x}{2} - 2 = 2 - \frac{x}{2}$, sendo $U = \mathbb{R}$. Obtemos:
(A) $\{2\}$ (B) $\{0\}$ (C) $\{4\}$ (D) $\{-2\}$

18) A expressão $(x-4)^2$ é igual a:
(A) $x^2 - 16$
(B) $x^2 - 8x + 16$

(C) $x^2 - 8x - 16$
(D) $x^2 + 16$

19) Simplificando a expressão ao lado $(m+1)(m-1)+(m+1)^2-2m$ obtemos:
(A) $2m^2$ (B) $2$ (C) $0$ (D) $2m^2+2$

20) A forma fatorada da expressão $ax - ay + 2x - 2y$ é:
(A) $(a+2)(x+y)$
(B) $2(x-y)$
(C) $(x+y)(a-2)$
(D) $(a+2)(x-y)$

21) Fatorando o trinômio do 2º grau $x^2+5x+6$, encontramos:
(A) $(x-2)(x-3)$
(B) $(x-2)(x+3)$
(C) $(x+2)(x-3)$
(D) $(x+2)(x+3)$

22) Resolvendo a inequação $\frac{3x}{2} - 2 > x$, no campo real, obtemos:
(A) $x > 2$ (B) $x > 4$ (C) $x < -2$ (D) $x < -4$

23) O complemento de um ângulo de $32^\circ\, 15'\, 10''$ vale:
(A) $147^\circ\, 44'\, 50''$
(B) $57^\circ\, 44'\, 50''$
(C) $57^\circ\, 45'$
(D) $12^\circ\, 44'\, 50''$

24) Na figura 10.1, determinar $x$, sendo $r \parallel s$:

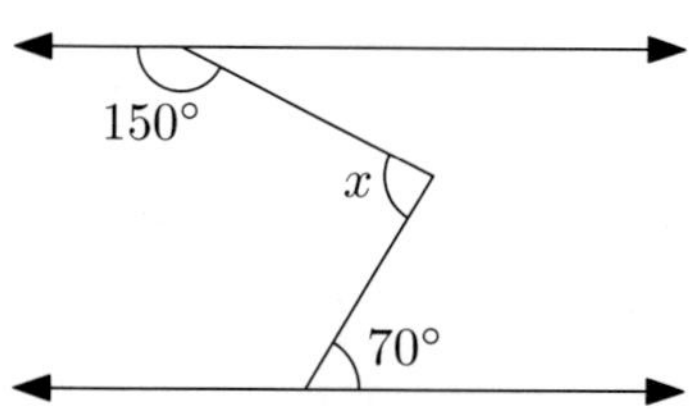


Figura 10.1

(A) 70 (B) 110 (C) 100 (D) 30

25) Na figura 10.2, determinar $y$, sendo $r \parallel s$:

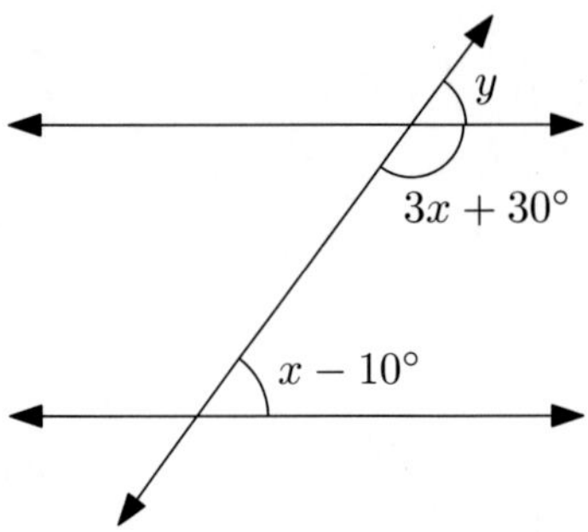


Figura 10.2

(A) 40 (B) 150 (C) 30 (D) 140

26) No triângulo da figura 10.3, determinar $y$:

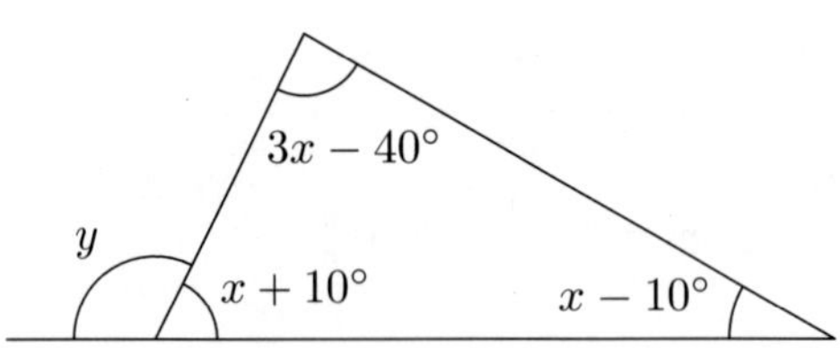


Figura 10.3

(A) 120 (B) 125 (C) 115 (D) 126

27) Na figura 10.4 abaixo o segmento $\overline{AB}$, corda do círculo, é lado de um polígono regular inscrito nesse círculo.

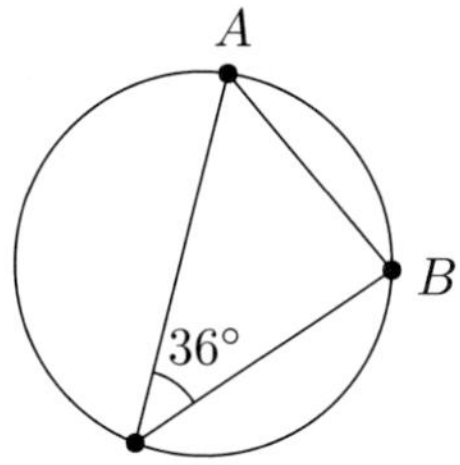


Figura 10.4

Este polígono é o:
(A) triângulo equilátero
(B) quadrado
(C) pentágono regular
(D) hexágono regular

28) Resolvendo a equação $x(x-a)+x(x+b)=bx$, sendo $x$ a variável:
(A) $\{0, \frac{a-2b}{2}\}$ (B) $\{0, \frac{a}{2}\}$ (C) $\{0, 2a\}$ (D) $\{0, a\}$

29) Calcular o menor valor inteiro de $m$ para o qual a equação $4x^2-4x+2m-1=0$ não possua raízes reais:
(A) 2 (B) 1 (C) 0 (D) $-1$

30) O valor de $x$ na figura 10.5, sabendo-se que $\overline{MN} \parallel \overline{AB}$ é:

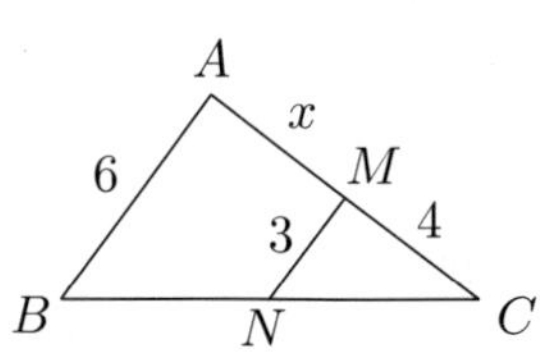


Figura 10.5

(A) 8 (B) 3 (C) 5 (D) 4

31) O ângulo interno de um octógono regular mede:
(A) 120 (B) 150 (C) 135 (D) 144

32) Calcular o lado do quadrado circunscrito à circunferência de raio 5 cm.
(A) $10\sqrt{2}$ cm (B) $5\sqrt{2}$ cm (C) 12 cm (D) 10 cm

33) Para os dois retângulos da figura 10.6 serem semelhantes, com a razão de semelhança $\frac{5}{3}$, considerada esta do I para o II, devemos ter:

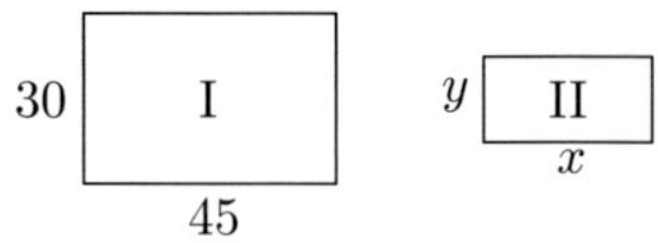


Figura 10.6

(A) $x = 75$ e $y = 50$
(B) $x = 18$ e $y = 27$
(C) $x = 50$ e $y = 75$
(D) $x = 27$ e $y = 18$

34) Dizer a posição relativa de duas circunferências de raio 8 cm e 3 cm, sendo a distância entre os centros, de 5 cm:
(A) secantes
(B) tangentes interiores
(C) exteriores
(D) tangentes exteriores

35) O diâmetro da roda de uma bicicleta é 52 cm. A distância percorrida pela bicicleta após 100 revoluções completas da roda é ($\pi = 3,14$):
(A) $326,56$ m (B) $16,328$ m (C) $163,28$ m (D) $1632,8$ m

36) Calcular a altura de um triângulo equilátero de 4 m de lado:
(A) 2 m (B) $2\sqrt{3}$ m (C) $3\sqrt{2}$ m (D) $4\sqrt{2}$ m

37) Na figura 10.7 calcular a hipotenusa $\overline{BC}$, sendo dados $\overline{AB} = 6$ cm e $\overline{BH} = 4$ cm :

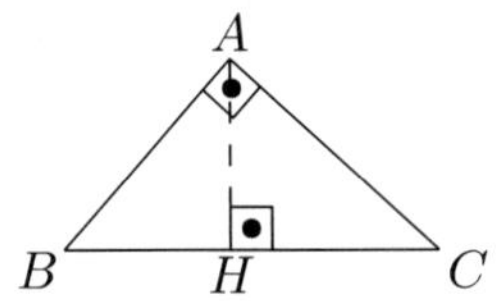


Figura 10.7

(A) $4,5$ cm (B) $6$ cm (C) $9$ cm (D) $12$ cm

38) Calcular a área da região hachurada na figura 10.8:

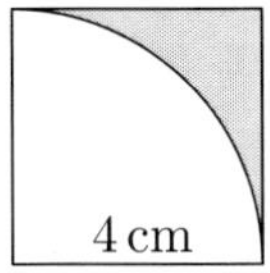


Figura 10.8

(A) $4(4-\pi)$ cm$^2$ (B) $12\pi$ cm$^2$ (C) $8(2-\pi)$ cm$^2$ (D) $15\pi$ cm$^2$

39) A figura 10.9 é um retângulo. Qual a área do triângulo $AED$, sabendo-se que as dimensões do retângulo se acham expressas em metros?

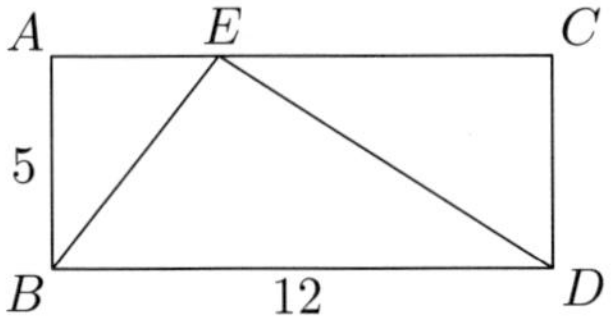


Figura 10.9

(A) 30 m$^2$ (B) 25 m$^2$ (C) 20 m$^2$ (D) 35 m$^2$

40) Na figura 10.10, a área de cada círculo vale $9\pi$ cm$^2$. Qual a área do retângulo $ABCD$?

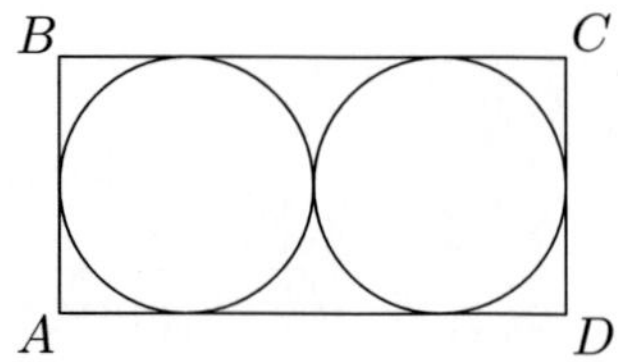


Figura 10.10

(A) $45\pi$ cm$^2$ (B) 72 cm$^2$ (C) 70 cm$^2$ (D) $40\pi$ cm$^2$

# Capítulo 11

# Prova 1985/1986

1) Sabendo-se que o MDC $(n, 15) = 3$ e MMC $(n, 15) = 90$, sendo $n \in \mathbb{N}$, determinar o valor de $2n$:

(A) 18 (B) 5 (C) 6 (D) 36

2) O valor da expressão $\frac{1}{3} - (\frac{1}{10} \cdot \frac{4}{3})$ é:

(A) $\frac{1}{5}$ (B) $\frac{14}{15}$ (C) $\frac{4}{21}$ (D) $\frac{7}{30}$

3) O resultado da operação $\frac{2^4 - 3^2}{3}$ é:

(A) 5 (B) 0 (C) 13 (D) $2,33\ldots$

4) O resultado da expressão $(\frac{1}{2})^{-1} - (\frac{1}{2})^0$ é:

(A) $\frac{1}{2}$ (B) 0 (C) 1 (D) $-\frac{1}{2}$

5) Os $\frac{3}{5}$ dos $\frac{5}{9}$ de R\$ $600,00$ são iguais a:

(A) R\$ $200,00$ (B) R\$ $100,00$ (C) R\$ $150,00$ (D) R\$ $250,00$

6) Simplificando a expressão $\frac{0{,}002 \cdot 0{,}0003 \cdot 10^8}{0{,}1 \cdot 6 \cdot 10^4}$, obtém-se:

(A) $0,001$ (B) $0,01$ (C) $0,06$ (D) $0,6$

7) Determinando-se o valor de $x$ em $\frac{3}{\frac{8}{3}} = \frac{x}{\frac{6}{9}}$, obtemos:

(A) $\frac{8}{3}$ (B) $\frac{2}{3}$ (C) $\frac{4}{3}$ (D) $\frac{1}{3}$

8) Uma indústria produz 900 litros de óleo por dia, que devem ser embalados em latas de 30 cm$^3$. Para isso serão necessárias:

(A) 300 latas

(B) 3.000 latas
(C) 30.000 latas
(D) 300.000 latas

9) Das expressões algébricas abaixo, apenas uma não é polinômio, por não ser uma expressão algébrica racional inteira. Essa expressão é:
(A) $3x^2 - \frac{x}{3} + 1$
(B) $\frac{3}{x} + x^2 - 3x^3$
(C) $x^4 - 3x^3 - 2x^2$
(D) $x + 1$

10) O valor da expressão $\frac{2-\sqrt{2}}{\sqrt{2}-1}$ é:
(A) $\sqrt{2}$ (B) $\frac{1}{\sqrt{2}}$ (C) 2 (D) $\sqrt{2} + 1$

11) Numa divisão exata temos o dividendo igual a $x^2 - 3x - 70$ e o quociente igual a $x - 10$. Logo, o divisor é:
(A) $x + 7$
(B) $x - 7$
(C) $x^2 - 2x - 80$
(D) $x^3 - 13x^2 - 40x + 700$

12) O conjunto solução da inequação $\frac{x-3}{x-2} \leq 1$, para $x \neq 2$, é:
(A) $\{x \in \mathbb{R} \mid 2 \leq x \leq \frac{5}{2}\}$
(B) $\{x \in \mathbb{R} \mid 2 < x \leq \frac{5}{2}\}$
(C) $\{x \in \mathbb{R} \mid x > 2\}$
(D) $\{x \in \mathbb{R} \mid 2 \leq x < \frac{5}{2}\}$

13) A idade de um pai somada com a de seu filho dá 45 anos. Sabendo-se que a idade do filho está para a idade do pai assim como 1 está para 4, podemos dizer que as idades são:
(A) 9 e 36 anos
(B) 8 e 32 anos
(C) 8 e 37 anos
(D) 6 e 39 anos

14) Fatorando-se o polinômio $ax + ay - bx - by$, obtém-se:
(A) $(a + b)(x - y)$
(B) $(a - y)(b + x)$

(C) $(a - b)(x + y)$
(D) $(a + x)(b - y)$

15) A equação $x^2 - 4x + (m - 1) = 0$ tem raízes reais e desiguais quando:
(A) $m > 5$ (B) $m < -5$ (C) $m > -5$ (D) $m < 5$

16) Simplificando-se a fração $\frac{x^2-x-6}{x^2-7x+12}$, obtemos:
(A) $\frac{5}{14}$ (B) $\frac{x+2}{x-4}$ (C) $\frac{x}{x+2}$ (D) $\frac{2}{3}$

17) Na figura 11.1, o ângulo central $a$ mede $56°$ e o ângulo $b$ mede $18°$. O valor do ângulo $x$ é:

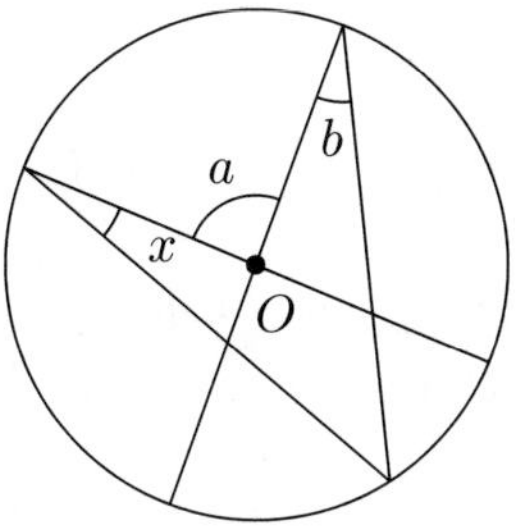


Figura 11.1

(A) 10 (B) 38 (C) 20 (D) 19

18) Na figura 11.2, $r$ e $s$ são paralelas, $t$ e $u$, transversais, $\overline{AB} = 15$ cm. $\overline{AC} = 18$ cm. e $\overline{BD} = 27$ cm. O valor de $\overline{OA}$ é:

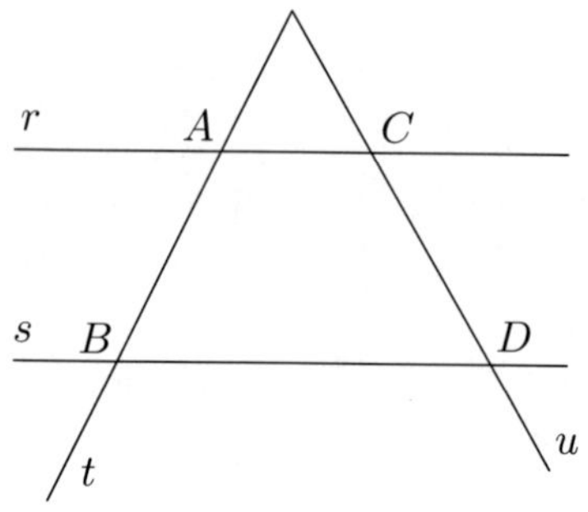


Figura 11.2

(A) 15 cm (B) 30 cm (C) 10 cm (D) 20 cm

19) Os lados de um triângulo medem 10 m, 15 m e 20 m. O menor dos segmentos que a bissetriz interna do maior ângulo determina sobre o maior lado mede:
(A) 84 m (B) 12 m (C) 6 m (D) 14 m

20) O perímetro de um triângulo isósceles mede 20 cm. O comprimento da base vale $\frac{2}{3}$ da soma dos outros dois lados que são iguais. A base mede:
(A) 6 cm (B) 12 cm (C) 8 cm (D) 16 cm

21) O polígono cujo número de diagonais é igual ao número de lados é o:
(A) triângulo
(B) quadrilátero
(C) pentágono
(D) hexágono

22) Na figura 11.3, as retas $r$ e $s$ são paralelas e a reta $t$ transversal, o valor de $x$ é:

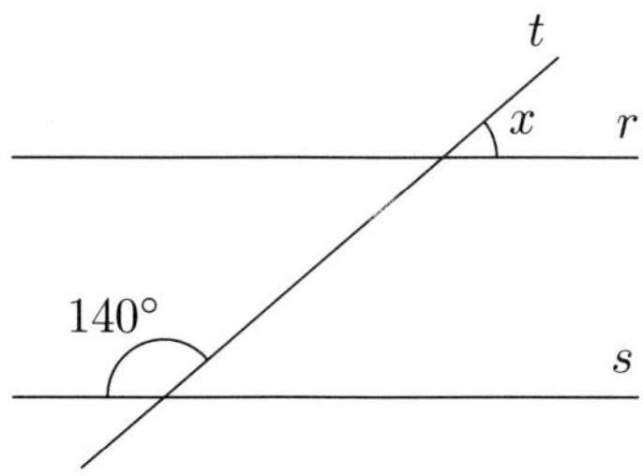


Figura 11.3

(A) 140 (B) 50 (C) 45 (D) 40

23) Na figura 11.4, $\overline{CA}$ e $\overline{DA}$ são, respectivamente, segmentos das bissetrizes dos ângulos $\widehat{C}$ e $\widehat{D}$. Sabendo-se que o ângulo $\widehat{E}$ mede 30°, o valor do ângulo $D\widehat{A}C$ é:

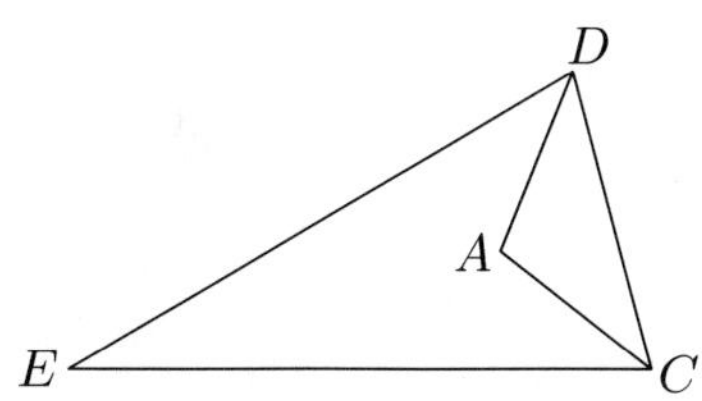


Figura 11.4

(A) 105 (B) 75 (C) 150 (D) 30

24) A área de um quadrado mede 81 cm$^2$. O perímetro desse quadrado vale:
(A) 9 cm (B) 18 cm (C) 27 cm (D) 36 cm

25) A área de um trapézio isósceles cujas bases medem 14 dm e 6 dm e os lados não paralelos 5 dm é igual a:
(A) 60 dm$^2$ (B) 30 dm$^2$ (C) 40 dm$^2$ (D) 50 dm$^2$

26) Prolongando-se os lados não paralelos do trapézio $ABCD$, obtém-se o triângulo $PCD$, de altura 8 m. A medida de $PH$, sendo $AB = 5$ m e $DC = 10$ m, é:

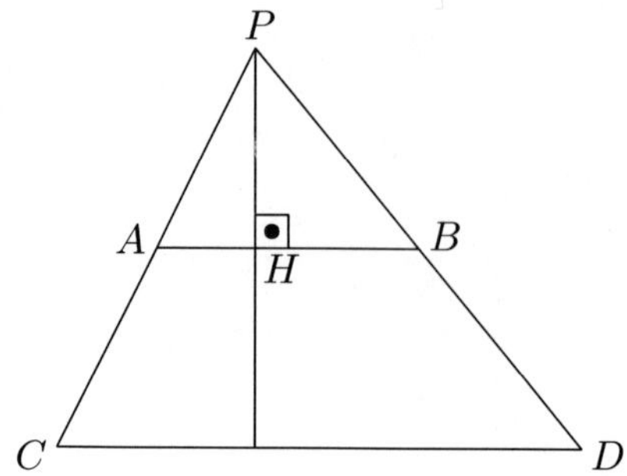


Figura 11.5

(A) 1 m (B) 2 m (C) 3 m (D) 4 m

27) A área da região hachurada na figura 11.6 abaixo, se $ABCD$ é um quadrado e a circunferência é tangente aos lados do quadrado, é:

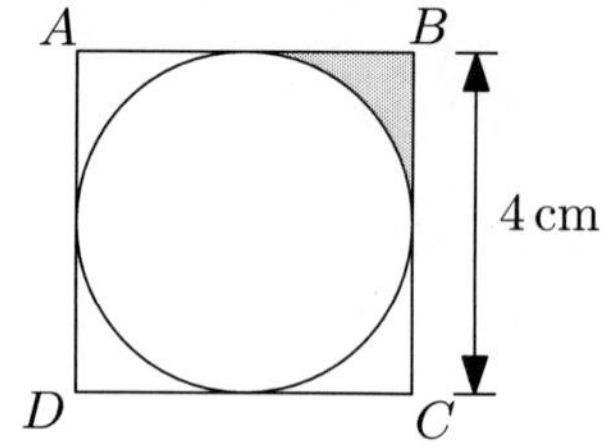


Figura 11.6

(A) $(16 - 4\pi)$ cm$^2$
(B) $(4 + \pi)$ cm$^2$
(C) $3\pi$ cm$^2$
(D) $(4 - \pi)$ cm$^2$

28) O ângulo interno de um polígono regular mede 120. O total de diagonais desse polígono é:
(A) 0 (B) 9 (C) 12 (D) 6

29) Se a área de um círculo é de $25\pi$ cm$^2$, o comprimento da circunferência desse círculo é:
(A) 10 cm (B) 5 cm (C) 15 cm (D) 20 cm

30) Fatorando-se o polinômio $4x^2 - 20x - 200$, obtém-se:
(A) $4(x-5)(x-10)$
(B) $2(x+5)(x-10)$
(C) $4(x-5)(x+10)$
(D) $4(x+5)(x-10)$

31) O resultado da operação $\sqrt{27} - \sqrt{3} - \sqrt{12}$ é:
(A) $0$ (B) $6$ (C) $2\sqrt{3}$ (D) $3\sqrt{3}$

32) Se $P = [-3 + 2(-5+3) - 1]$, então $P$ é igual a:
(A) $-6$ (B) $1$ (C) $-8$ (D) $-3$

33) Uma unidade de 8ª ordem equivale a:
(A) 100 unidades de 5ª ordem
(B) 10.000 unidades de 4ª ordem
(C) 8 unidades de 1ª ordem
(D) 80.000.000

34) Uma caixa em forma de paralelepípedo retângulo mede 2 cm, por $0,2$ dm, por 40 mm. Sua capacidade é de:
(A) $1,6$ dm$^3$
(B) $0,11$ litros
(C) $0,16$ cm$^3$
(D) $0,016$ litros

35) Completando-se as lacunas $(A)$, $(B)$ e $(C)$, verifica-se:

$$((A) + y^3)^2 = (B) + 8xy^3 + (C)$$

(A) o termo da lacuna $(C)$ é $y^9$
(B) o termo da lacuna $(A)$ é $8x$.
(C) o termo da lacuna $(B)$ é $16x^2$
(D) o termo da lacuna $(B)$ é $4x^2$

36) As retas $r$ e $s$ na figura 11.7 são paralelas, então $x$ mede:

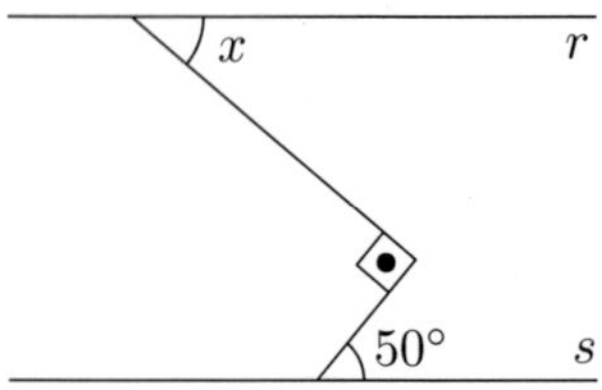


Figura 11.7

(A) 45 (B) 55 (C) 50 (D) 40

37) $A$ e $B$ são dois terrenos retangulares semelhantes (figura 11.8). Se o perímetro do retângulo $B$ é de 3.300 dm, então sua área é de:

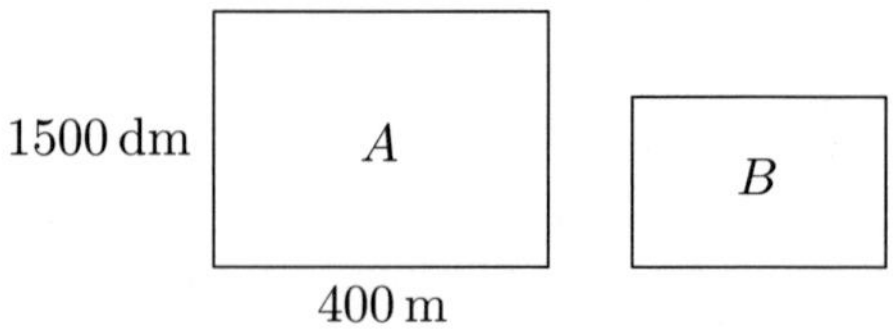


Figura 11.8

(A) $0,54$ km$^2$ (B) $0,54$ dm$^2$ (C) $0,54$ há (D) $0,54$ ca

38) A soma de dois números é 180 e sua diferença é 120. O quociente entre o maior e o menor desses números é:
(A) 4 (B) 5 (C) 6 (D) 3

39) O perímetro de um triângulo retângulo é 30 m e a hipotenusa mede 13 m. Quanto aos seus catetos, podemos afirmar:
(A) a raiz quadrada da medida do maior cateto é 3 m.
(B) o quadrado da medida do menor cateto é 36 cm$^2$.
(C) seu produto é 70.
(D) sua diferença é de 7 m.

40) Na figura 11.9 abaixo é verdadeiro que:

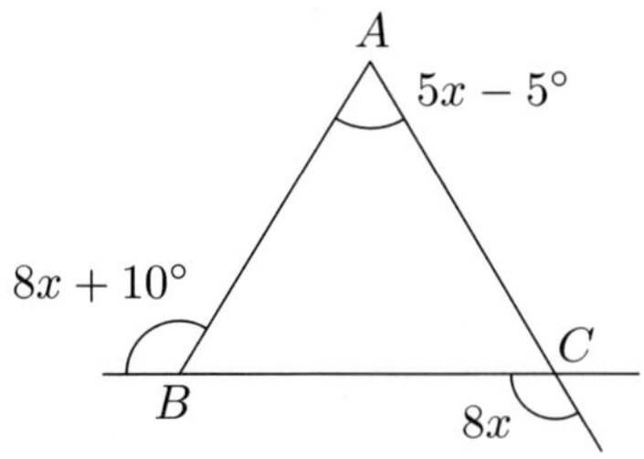


Figura 11.9

(A) o menor ângulo mede $60^\circ$
(B) o menor ângulo mede $50^\circ$
(C) maior ângulo mede $60^\circ$
(D) a soma do maior e do menor ângulo é $130^\circ$.

# Capítulo 12

# Prova 1986/1987

1) O número $(0,02)^x$ tem 20 casas decimais. O valor de $x$ é:
(A) 5 (B) 7 (C) 8 (D) 9 (E) 10

2) Se adotarmos como unidade de área um quadrado de 3 m de lado, teremos em $0,0027$ km$^2$ um total de unidades igual a:
(A) 300 (B) 400 (C) 500 (D) 600 (E) 700

3) O valor de $(10\%)^2 + (20\%)^2$ é:
(A) $5\%$ (B) $30\%$ (C) $500\%$ (D) $900\%$ (E) $100\%$

4) Deseja-se taquear uma sala retangular de 4 m de comprimento por 3 m de largura, usando tacos também retangulares de 15 cm de comprimento por 4 cm de largura. Assim sendo, o número de tacos necessários será:
(A) 200 (B) 1.000 (C) 10.000 (D) 2.000 (E) 20.000

5) O valor de $x$ na proporção $\frac{x}{2+\frac{1}{3}} = \frac{3-\frac{1}{4}}{2,5}$, é:
(A) $0,77$ (B) $\frac{67}{30}$ (C) $7,7$ (D) $\frac{77}{30}$ (E) $\frac{7}{30}$

6) Se o raio de um círculo aumentar em $10\%$, de quantos por cento aumentará a área do disco correspondente?
(A) $10\%$ (B) $15\%$ (C) $1\%$ (D) $21\%$ (E) $11\%$

7) Uma loja vendeu $\frac{2}{5}$ de uma peça de tecido e depois $\frac{5}{12}$ do restante. O que sobrou foi vendido por R\$ $1.400,00$. Sabendo-se que o tecido foi vendido a R\$ $5,00$ o metro, o comprimento inicial da peça era de:

(A) 200 m (B) 400 m (C) 800 m (D) 1.200 m (E) 1.600 m

8) Três satélites artificiais giram em torno da Terra em órbitas constantes. O tempo de rotação do primeiro é de 42 minutos, do segundo 72 minutos e do terceiro 126 minutos. Em dado momento eles se alinham em um mesmo meridiano, embora em latitudes diferentes. Eles voltarão em seguida a passar simultaneamente pelo mesmo meridiano depois de:
(A) 16 h 24 min
(B) 7 h 48 min
(C) 140 min
(D) 126 min
(E) 8 h 24 min

9) Acrescentando-se o algarismo zero á direita do número 732, o número de unidades adicionadas a 732 é:
(A) zero (B) 6.588 (C) 1.000 (D) 2.928 (E) 10

10) Uma torneira pode encher um reservatório em 3 horas e uma segunda pode fazê-lo em 15 horas. O tempo que decorrerá até que as duas torneiras, funcionando juntas, encham $\frac{2}{3}$ da capacidade do reservatório será de:
(A) 1 h 40 min
(B) 3 h 20 min
(C) 130 min
(D) 126 min
(E) 180 min

11) Sabendo-se que $A = 2^x \cdot 3^2 \cdot 5$, $B = 2^{2x} \cdot 3 \cdot 5^2$ e que o MMC de $A$ e $B$ tem 45 divisores, o valor de $x$ será:
(A) 1 (B) 2 (C) 3 (D) 5 (E) 8

12) Um número do sistema decimal é formado de 2 algarismos sendo $x$ o algarismo das unidades e $y$, o algarismo das dezenas. Se colocarmos o algarismo 2 à direita desse número, o novo número será:
(A) $200 + 10y + x$
(B) $x + y + 2$
(C) $yx + 2$
(D) $100x + 10y + z$

(E) $100y + 10x + 2$

13) Ao calcular o MDC dos números $A$ e $B$ ($A$ e $B \in \mathbb{N}^*$) pelo algorítmo e Euclides (divisões sucessivas) obteve-se (tabela abaixo). Sendo ($x$, $y$ e $z \in \mathbb{N}^*$), podemos afirmar que:

| | 2 | 1 | 2 |
|---|---|---|---|
| $A$ | $B$ | $x$ | 11 |
| $y$ | $z$ | 0 | |

(A) $A - B = 27$
(B) $A - B = 47$
(C) $A - B = 55$
(D) $A - B = 33$
(E) $A - B = 77$

14) Em determinada região do Brasil, um hectare de terra vale R\$ $20.000,00$. Um centiare de terra semelhante, na mesma região, valerá:
(A) R\$ $2.000,00$
(B) R\$ $200.000,00$
(C) R\$ $20,00$
(D) R\$ $2,00$
(E) R\$ $200,00$

15) A expressão $(a+b)^2 + 2(b-a)(b+a) + (a^3 - b^3) + (a-b)^2 + (a+b)(a^2 - ab + b^2)$ é igual a:
(A) $2(a^3 - 2ab^2)$
(B) $2(a^3 + b^2)$
(C) $2(a^3 - b^3 + 2b^2)$
(D) $2(a^3 + 2b^2)$
(E) $2(a^3 + b^3 - 2b^2)$

16) Efetuando a expressão $(x^n + x - 1)(x^{n-1} - 1)$, obtemos:
(A) $x^{2n-1} - x^{n-1} - x + 1$
(B) $x^{2n-1} + 2x^n + x - 1$
(C) $x^{2n-2} + x^{n-1} - 2x + 1$
(D) $x^{2n-1} - 2x^{n-1} - 2x - 1$
(E) $x^{2n+1} - x^{n-1} + x + 1$

17) Na expressão $\frac{(a+\frac{ab}{a-b})(a-\frac{ab}{a+b})}{\frac{a^2+b^2}{a^2-b^2}}$, o resultado das operações é igual a:
(A) $a^2+b^2$ (B) $\frac{a^2}{a^2+b^2}$ (C) $\frac{ab}{a-b}$ (D) $\frac{a^4}{a^2-b^2}$ (E) $\frac{a^4}{a^2+b^2}$

18) O valor da expressão algébrica $x^{-2} - \frac{1}{x-1} + x^{\frac{3}{2}} + \sqrt{x}$, para $x = 4$, é igual a:
(A) $\sqrt[3]{16} + \frac{91}{48}$ (B) $\frac{35}{3}$ (C) $\frac{467}{48}$ (D) $\frac{23}{3}$ (E) $\frac{17}{4}$

19) Sendo $x = (2+\sqrt{3})^{89}$ e $y = (2-\sqrt{3})^{89}$, então o produto $xy$ é igual a:
(A) $(4-2\sqrt{3})^{89}$ (B) $2^{90}$ (C) $1$ (D) $2^{198}$ (E) $(4+2\sqrt{3})^{89}$

20) O conjunto solucão da equação $\frac{x^2+x+1}{x^2-4} - \frac{2}{5x-10} = -\frac{1-x}{x+2}$ é igual a:
(A) $\{\frac{1}{18}\}$ (B) $\{\frac{1}{2}\}$ (C) $\{2,-2\}$ (D) zero (E) $\{0,1\}$

21) Se a equação $2ax - 3 = x + 3$ é equivalente à equação $\frac{1}{x-1} - \frac{3}{x-2} = \frac{5}{x^2-3x+2}$, então:
(A) $a=-2$ (B) $a=2$ (C) $a=-1$ (D) $a=1$ (E) $a=-\frac{4}{5}$

22) O menor valor inteiro de $x$ que torna positiva a expressão $4x + 7(0,25)^{-\frac{1}{2}}$ é:
(A) zero (B) 4 (C) $-4$ (D) 3 (E) $-3$

23) Se $p$ e $q$ são raízes não nulas da equação $x^2 + 5px - 8q = 0$, então o valor de $p+q$ é igual a:
(A) $-32$ (B) 32 (C) 64 (D) 40 (E) 56

24) Um quadro retangular tem 150 cm$^2$ de área. O seu comprimento excede em 5 cm a largura. A equação que representa as afirmações acima é:
(A) $x^2 - 15x - 150 = 0$
(B) $x^2 + 5x - 150 = 0$
(C) $x^2 + 150x - 5 = 0$
(D) $x^2 - 150x - 5 = 0$
(E) $x^2 + 5x + 150 = 0$

25) Calculando-se o valor da expressão $\sqrt{a\sqrt{a\sqrt{a\sqrt{a}}}}$, obtemos:
(A) $a^{16}$ (B) $a^{-16}$ (C) $a^{-15}$ (D) $a^{-\frac{15}{16}}$ (E) $a^{\frac{15}{16}}$

26) Racionalizando-se a expressão $\frac{\sqrt[n]{a^m}}{\sqrt[n]{a^{n-2}}}$, obtemos:
(A) $\sqrt[n]{a^{m+n-2}}$
(B) $\frac{\sqrt[n]{a^{m+2}}}{a}$
(C) $\sqrt[n]{a^{m-n+2}}$
(D) $m+n-2$
(E) $m-n-2$

27) Intercalando-se corretamente entre os radicais $\sqrt{3}$, $\sqrt[5]{3}$, $\sqrt{5}$ e $\sqrt[3]{2}$, o resultado de: $(\sqrt[3]{648}+\sqrt[3]{192}+\sqrt[3]{24}-(\sqrt[3]{81}+6\sqrt[3]{3}+2\sqrt[3]{3}))$, obtém-se em ordem crescente:
(A) $\sqrt[5]{3}<\sqrt{5}<\sqrt[3]{2}<\sqrt{3}<\sqrt[3]{5}$
(B) $\sqrt[3]{5}<\sqrt[5]{3}<\sqrt[3]{2}<\sqrt[3]{3}<\sqrt{3}$
(C) $\sqrt[3]{5}<\sqrt{3}<\sqrt[3]{2}<\sqrt{5}<\sqrt[5]{3}$
(D) $\sqrt[5]{3}<\sqrt[3]{2}<\sqrt[3]{3}<\sqrt{3}<\sqrt{5}$
(E) $\sqrt{5}<\sqrt{3}<\sqrt[3]{3}<\sqrt[3]{2}<\sqrt[5]{3}$

28) O valor da expressão $\{-18[(\sqrt[3]{3})^{-3}-(\sqrt{2})^{-2}]\}$é igual a:
(A) $-3$ (B) $-\frac{1}{3}$ (C) 3 (D) 2 (E) $-2$

29) Por um ponto $M$ exterior a um círculo de centro $O$ traçam-se as tangentes $\overline{MA}$ e $\overline{MB}$. Se a corda $\overline{AB}$ é um lado do pentágono regular inscrito nesse círculo, a medida do ângulo $A\widehat{M}B$ é igual a:
(A) 144 (B) 120 (C) 108 (D) 96 (E) 72

30) Um polígono regular apresenta 20 diagonais. O ângulo externo desse polígono mede:
(A) $150°$ (B) $145°$ (C) $135°$ (D) $120°$ (E) $45°$

31) Os triângulos I e II da figura 12.1 são retângulos isósceles. A razão entre a área de I para a área de II é igual a:

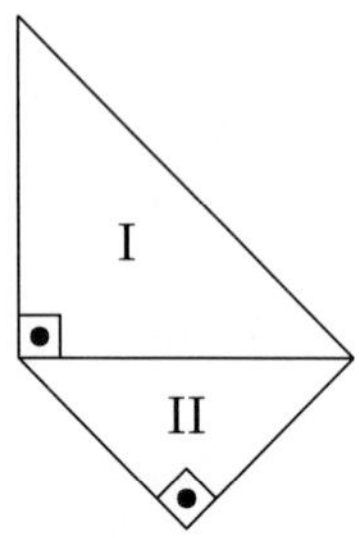


Figura 12.1

(A) $\sqrt{3}:1$ (B) $\sqrt{2}:1$ (C) $2:1$ (D) $\frac{1}{2}$ (E) $\frac{3}{2}$

32) O perímetro de um triângulo retângulo isósceles é $\sqrt{12}+2\sqrt{6}$ cm. A área deste triângulo, em cm$^2$, é:
(A) 5 (B) 4 (C) 3 (D) $2\sqrt{2}$ (E) $3\sqrt{2}$

33) Na figura 12.2 abaixo, a área do triângulo $D\widehat{A}M$ vale 16 cm$^2$, o segmento $\overline{DC}$ vale $a$, o segmento $\overline{AM}$ vale $\frac{a}{4}$ e $ABCD$ é um retângulo. A área do trapézio $MBCD$, em cm$^2$, vale:

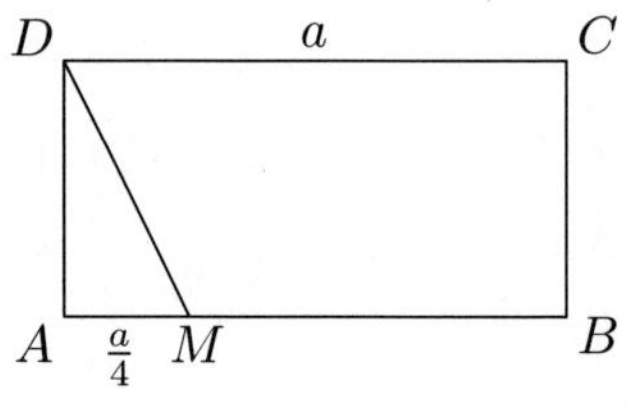


Figura 12.2

(A) 90 (B) 128 (C) 72 (D) 112 (E) 94

34) O triângulo $ABC$ (figura 12.3) é equilátero de lado $L$. O valor do segmento $\overline{MN}$, com $\overline{MN}\perp\overline{AC}$, é:

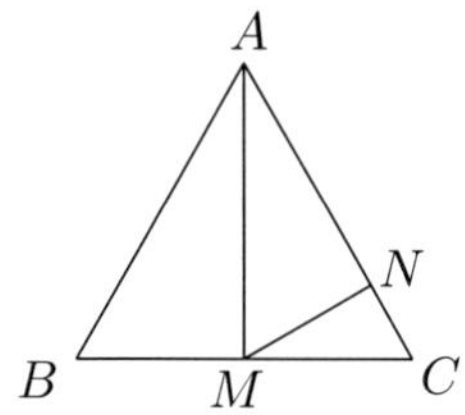


Figura 12.3

(A) $\frac{L\sqrt{2}}{3}$ (B) $\frac{L\sqrt{3}}{4}$ (C) $\frac{L\sqrt{3}}{5}$ (D) $\frac{L\sqrt{2}}{5}$ (E) $L\sqrt{2}$

35) O número de diagonais de um polígono cuja soma dos ângulos internos vale $1.800°$ é igual a:
(A) 48 (B) 54 (C) 36 (D) 32 (E) 56

36) A medida, em graus, do ângulo interno de um polígono regular é um número inteiro. O número de polígonos não semelhantes que possuem essa propriedade é:
(A) 16 (B) 18 (C) 20 (D) 22 (E) 24

37) A soma de dois ângulos vale $125°$ e um deles é a metade do suplemento do outro. O complemento do menor deles vale:
(A) $35°$ (B) $45°$ (C) $55°$ (D) $25°$ (E) $15°$

38) O ângulo do vértice de um triângulo isósceles mede $67°\,18'$. O ângulo formado pelas bissetrizes dos ângulos da base do triângulo vale:
(A) $123°\,39'$ (B) $132°\,39'$ (C) $139°\,23'$ (D) $139°\,32'$ (E) $123°\,32'$

39) Dois ângulos opostos de um paralelogramo têm para medidas em graus, as expressões $4x + 28°\,17'$ e $6x - 42°\,13'$. Cada ângulo agudo do paralelogramo mede:
(A) $10°\,43'$ (B) $13°\,40'$ (C) $14°\,10'$ (D) $34°\,16'$ (E) $16°\,30'$

40) Num losango, a diagonal menor mede $5$ dm e a soma dos ângulos obtusos é o dobro da soma dos agudos. O perímetro do losango vale:
(A) 18 dm (B) 20 dm (C) 22 dm (D) 25 dm (E) 40 dm

# Capítulo 13

# Prova 1987/1988

1) Os preços de duas peças de fazenda estão entre si como 7 está para 8. Sabendo-se que o triplo do preço de uma menos o dobro do preço da outra vale R\$ $50,00$. Os preços dessas peças são:
(A) R\$ $60,00$ e R\$ $70,00$
(B) R\$ $70,00$ e R\$ $80,00$
(C) R\$ $30,00$ e R\$ $40,00$
(D) R\$ $80,00$ e R\$ $90,00$
(E) R\$ $50,00$ e R\$ $60,00$

2) Um comerciante possui $13$ h$\ell$ de vinho e deseja guardá-lo num tonel cilíndrico, cuja base tem área de 2m$^2$. A altura do tonel deverá ser de:
(A) $13$ cm (B) $0,65$ cm (C) $0,42$ cm (D) $42$ cm (E) $65$ cm

3) Nestor fez três problemas a menos que Androvaldo. Androvaldo fez $\frac{13}{12}$ do número de problemas feitos por Nestor. O número de problemas que os dois fizeram juntos é igual a:
(A) $75$ (B) $65$ (C) $35$ (D) $85$ (E) $55$

4) Um aluno recebe R\$ $5,00$ por exercício que acerta e paga R\$ $3,00$ por exercício que erra. Sabendo-se que o aluno fez $30$ exercícios e recebeu R\$ $70,00$, o número de exercícios errados é igual a:
(A) $10$ (B) $15$ (C) $5$ (D) $20$ (E) $12$

5) Um cachorro persegue uma lebre. Enquanto o cachorro dá $4$ pulos a lebre dá $9$; porém, 2 pulos do cachorro valem 7 pulos da lebre. Sendo a distância

entre os dois igual a 100 pulos da lebre, o número de pulos que deverá dar o cachorro para alcançar a lebre é de:
(A) 40 (B) 70 (C) 80 (D) 90 (E) 50

6) Um trem $A$ parte de uma cidade a cada 6 dias. Um trem $B$ parte da mesma cidade a cada 9 dias. Se $A$ e $B$ partirem juntos, voltarão a fazê-lo, pela primeira vez, depois de:
(A) 54 dias
(B) 18 dias
(C) 15 dias
(D) 12 dias
(E) 10 dias

7) O valor da expressão $\frac{(0{,}5)^2\cdot[0{,}1-0{,}01]+\frac{2{,}8}{0{,}14}}{200{,}225\cdot 0{,}1}$ é:
(A) 1 (B) 10 (C) $0,1$ (D) $0,01$ (E) 100

8) Entre as alternativas abaixo, a única falsa é:
(A) $(111)_2 = 7$
(B) $4 = (100)_2$
(C) $(1000)_2 = 8$
(D) $10 = (1011)_2$
(E) $21 = (10101)_2$

9) Ao separar o total de suas figurinhas em grupos de 12, de 15 ou de 24, uma criança observou que sobravam sempre 7 figurinhas. Sendo o total de suas figurinhas compreendido entre 120 e 240, a criança tem:
(A) 149 figurinhas
(B) 202 figurinhas
(C) 127 figurinhas
(D) 216 figurinhas
(E) 120 figurinhas

10) O MDC de dois números "$A$" e "$B$" é $2^5\cdot 3^2\cdot 5^4\cdot 7$, sendo $A = 2^x\cdot 3^4\cdot 5^z\cdot 7$ e $B = 2^6\cdot 3^y\cdot 5^5\cdot 7$, então $xyz$ é igual a:
(A) 20 (B) 80 (C) 60 (D) 40 (E) 11

11) Calculando o valor da expressão $\frac{0{,}272727...+\frac{1}{3}}{4-0{,}222...}$, obtemos:
(A) $\frac{30}{187}$ (B) $\frac{3}{20}$ (C) $\frac{15}{17}$ (D) $\frac{4}{15}$ (E) $\frac{19}{200}$

12) $3,5$ m$^3$ de um metal pesam $21,7$ toneladas. O peso de um bloco de $180$ dm$^3$ deste mesmo metal será igual a:
(A) $6,2$ ton
(B) $1.116$ kg
(C) $621$ kg
(D) $61,12$ kg
(E) $29,03$ ton

13) Na proporção $\frac{x-1}{4x-1} = \frac{5}{2}$, o valor de $x$ é um(o) número:
(A) maior que dois
(B) dois
(C) fracionário, não inteiro e menor que dois
(D) fracionário, não inteiro e maior que dois
(E) inteiro menor que dois

14) Simplificando a expressão $\sqrt{x^2\sqrt[3]{x\sqrt{x^4}}}$, sendo $x \geq 0$, obtemos:
(A) $x^2$ (B) $\sqrt[3]{x}$ (C) $x\sqrt[3]{x}$ (D) $\sqrt[6]{x}$ (E) $x\sqrt{x}$

15) Fatorando a expressão $6a^2 - 3ab + 4ab - 2b^2$, obtemos:
(A) $3a(a+b)$
(B) $(2a-b)(3a+2b)$
(C) $(2a+b)(3a-2b)$
(D) $(3a+2b)(2a+2b)$
(E) $(3a-2b)(2a-b)$

16) Resolvendo a expressão $\frac{\frac{3^{n+1}}{3^{2n-1}}}{3^{3-n}}$, obtemos:
(A) $3$ (B) $\frac{1}{27}$ (C) $\frac{1}{3}$ (D) $3^{-2n-3}$ (E) $3^{-(2n+1)}$

17) Racionalizando o denominador da expressão $\frac{\sqrt{6}}{\sqrt{3}-\sqrt{6}}$, obtemos:
(A) $3\sqrt{2}+6$
(B) $2+\sqrt{2}$
(C) $-\frac{\sqrt{3}}{3}$
(D) $\sqrt{3}+\sqrt{6}$
(E) $-(\sqrt{2}+2)$

18) O conjunto solução da equação $2x^2 - 3x - 2 = 0$ é:

(A) $(2, -\frac{1}{2})$ (B) $(\frac{14}{5}, 1)$ (C) $(-\frac{1}{2}, 4)$ (D) $(4, -2)$ (E) 0

19) A equação $ax^2 + bx + c = 0$ possui duas raízes reais $x'$ e $x''$. Podemos afirmar que:
(A) $x' + x'' = \frac{b}{a}$
(B) $x' + x'' = -\frac{b}{2a}$
(C) $x' + x'' = 0$
(D) $x' + x'' = \frac{c}{a}$
(E) $x' + x'' = -\frac{b}{a}$

20) Para que a equação $8x^2 - 3x + p = 0$ tenha raíz nula, é preciso que:
(A) $p = 1$ (B) $p = \frac{8}{3}$ (C) $p = 0$ (D) $p = \frac{3}{8}$ (E) $p = 11$

21) O conjunto solução da equação $\frac{x^2}{x^2-4} - \frac{x+1}{3x-6} = \frac{x}{x+2}$ é:
(A) $\{-2, -1\}$ (B) $\{2\}$ (C) $\{1\}$ (D) $\{-1\}$ (E) $\{2, 1\}$

22) Os possíveis valores de $a$ e de $b$, para que o número $(a + b\sqrt{5})^2$ seja irracional, são:
(A) $a = \sqrt{5}$ e $b = 3$
(B) $a = 0$ e $b = 0$
(C) $a = 0$ e $b = 3$
(D) $a = 2$ e $b = \sqrt{5}$
(E) $a = 1$ e $b = 2$

23) Sejam os polinômios $P = x^3 - 4x$, $Q = x^4 + 4x^3 + 4x^2$ e $R = x^2 - 4x + 4$. Dividindo-se o MMC de $P$ e $Q$ pelo MDC de $P$ e $R$ e considerando $x \neq 2$, obtemos a expressão:
(A) $x^2(x + 2)^2$
(B) $\frac{x(x+2)}{x-2}$
(C) $x(x + 2)(x - 2)$
(D) $x^2(x + 2)(x - 2)$
(E) $\frac{x^2(x+2)}{x-2}$

24) O conjunto solução da equação $\frac{x}{x-3} - \frac{x+2}{x+3} + \frac{x+2}{9-x^2} = 0$ é:
(A) $\{1\}$ (B) $\{-1\}$ (C) $\{\frac{4}{3}\}$ (D) $\{-\frac{4}{3}\}$ (E) n.d.a

25) O conjunto solução da equação $\frac{2ax}{3} - \frac{x-a}{6} = \frac{1}{3}$, na variável $x$, será vazio se:

(A) $a = 0$ (B) $a = 2$ (C) $a = -2$ (D) $a = -\frac{1}{4}$ (E) $a = \frac{1}{4}$

26) A soma de dois números é 38. O quociente do menor por 2 excede em 3 unidades o quociente do maior por 6. Então, a diferença entre os dois números é:
(A) 8 (B) 22 (C) 12 (D) 10 (E) 18

27) Efetuando $42^\circ\,15'\,29'' - 20^\circ\,42'\,20''$, encontramos:
(A) $20^\circ\,33'\,09''$
(B) $22^\circ\,18'\,17''$
(C) $22^\circ\,28'\,07''$
(D) $21^\circ\,33'\,09''$
(E) $23^\circ\,15'\,29''$

28) A respeito dos quadriláteros, é incorreto afirmar que:
(A) a soma dos ângulos internos vale $360^\circ$
(B) a soma dos ângulos externos vale $360^\circ$
(C) têm duas diagonais.
(D) se classificam em: quadriláteros quaisquer ou trapezóides, paralelogramos e trapézios.
(E) as diagonais se dividem mutuamente ao meio.

29) A soma dos ângulos internos de um polígono convexo é igual a $1.800^\circ$. O número de diagonais desse polígono é:
(A) 51 (B) 52 (C) 53 (D) 54 (E) 55

30) Na figura 13.1 abaixo, o arco $AB$ mede $80^\circ$. O ângulo $A\widehat{P}B = \alpha$, em graus mede:

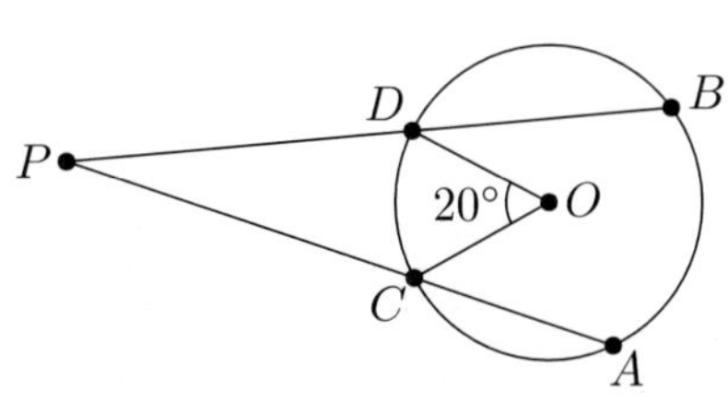


Figura 13.1

(A) 20° (B) 30° (C) 40° (D) 50° (E) 60°

31) No triângulo $ABC$ de hipotenusa $\overline{BC} = 5$ m e altura $\overline{AH} = \frac{12}{5}$ m, a soma dos catetos vale, em metros:
(A) 5 (B) 6 (C) 7 (D) 8 (E) 9

32) Consideremos as retas paralelas $a$, $b$ e $c$ cortadas pelas transversais $s$ e $t$, conforme a figura 13.2 abaixo. Sendo $\overline{AB} = 3$ cm, $\overline{A'B'} = 4$ cm, $\overline{AC} = 9$ cm, $\overline{B'C'}$ mede, em cm:

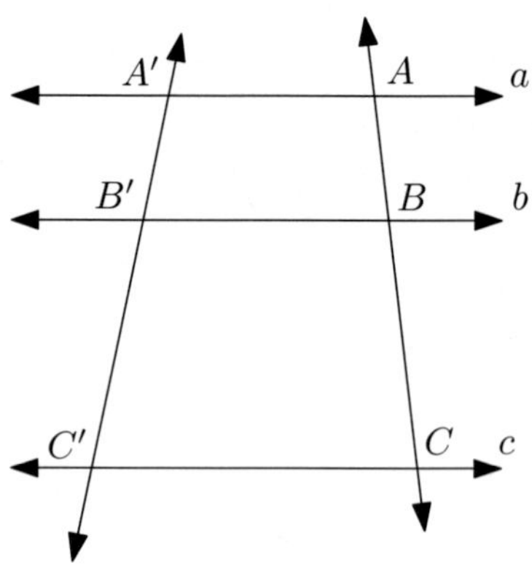


Figura 13.2

(A) 5 (B) 6 (C) 7 (D) 8 (E) 9

33) Dois ângulos são complementares. O triplo de um deles, aumentado da décima parte do outro e diminuído de $6°$, vale $90°$. Os ângulos são:
(A) 20° e 70° (B) 15° e 75° (C) 30° e 60° (D) 40° e 50° (E) 25° e 65°

34) Na figura 13.3 abaixo, temos $r \parallel s$. O valor de $\alpha$ é igual a:

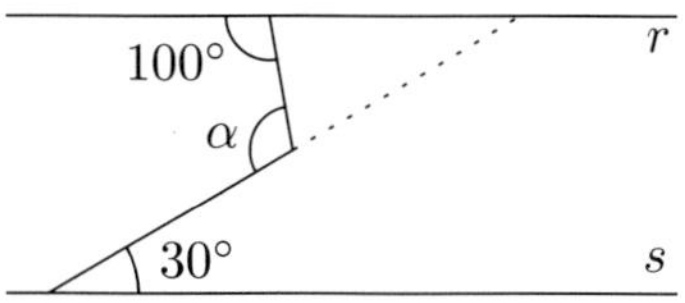


Figura 13.3

(A) 110°  (B) 90°  (C) 100°  (D) 105°  (E) 120°

35) A razão entre os ângulos internos de dois polígonos regulares é $\frac{9}{10}$. O número de lados do segundo polígono excede o do primeiro em 4 unidades. Os polígonos são:
(A) octógono e decágono
(B) octógono e undecágono
(C) octógono e dodecágono
(D) eneágono e dodecágono
(E) n.d.a

36) Na figura 13.4, o valor de $x + y$ é:

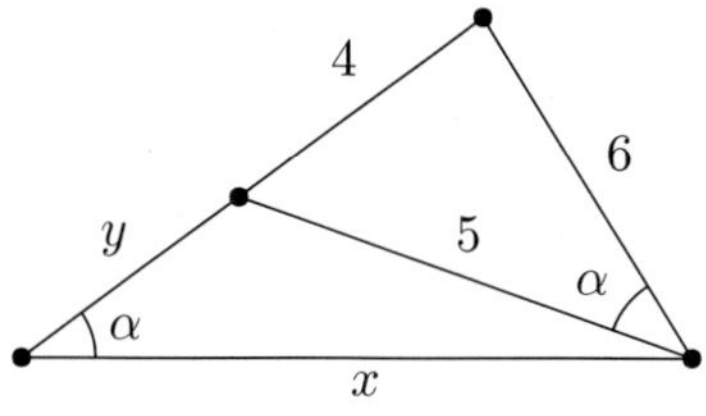


Figura 13.4

(A) 12  (B) $\frac{27}{2}$  (C) $\frac{25}{2}$  (D) 13  (E) $\frac{29}{2}$

37) Na figura 13.5 abaixo, $ABCD$ é um retângulo, $AB = 4$, $BC = 1$ e $DE = EF = FC$. Então $BG$ é:

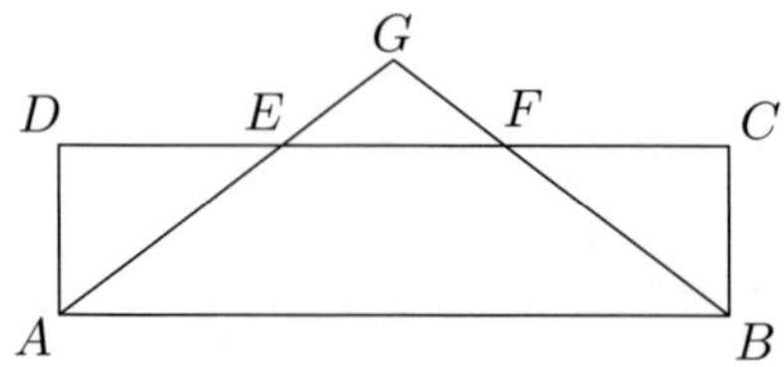


Figura 13.5

(A) $\frac{\sqrt{5}}{4}$ (B) $\frac{5}{2}$ (C) $\frac{9}{4}$ (D) $\frac{5}{\sqrt{2}}$ (E) $\frac{11}{4}$

38) Dado um triângulo retângulo de catetos $x$ e $y$, e sendo $r$ e $R$ os raios das circunferências inscritas e circunscrita, repsectivamente, devemos ter:
(A) $x + y = R + r$
(B) $x + y = 4(R - r)$
(C) $x + y = 4(R + r)$
(D) $x + y = 8(R - r)$
(E) $x + y = 2(R + r)$

39) Na figura 13.6 abaixo, o valor de $x$ é igual a:

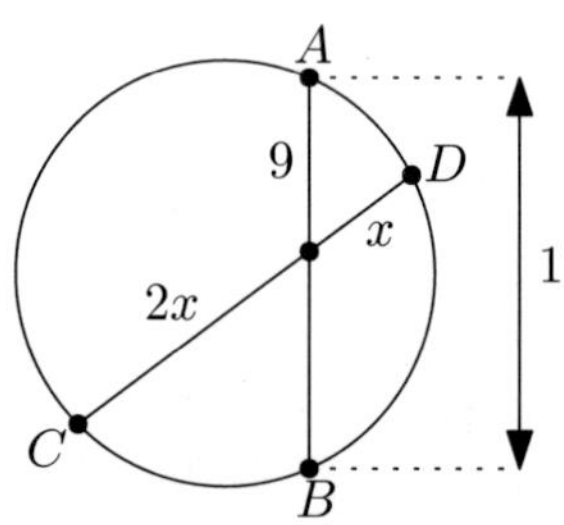


Figura 13.6

(A) 6 (B) 9 (C) 8 (D) 5 (E) n.d.a

40) Um dos ângulos agudos de um triângulo retângulo mede 30°. Se o comprimento da altura relativa à hipotenusa mede $4\sqrt{3}$ cm, o comprimento da hipotenusa medirá, em cm:
(A) 64 (B) 48 (C) 8 (D) 16 (E) n.d.a

# Capítulo 14

# Prova 1988/1989

1) Numa escola com 500 alunos, 300 praticam judô, 180 praticam karatê e 90 não praticam qualquer modalidade de arte marcial. O número de alunos que praticam apenas karatê é:

(A) 60 (B) 70 (C) 110 (D) 130 (E) 180

2) O número binário 101010 (base 2) escrito na base 5, é:

(A) 132 (B) 231 (C) 312 (D) 321 (E) 345

3) O resultado da operação $0,333\ldots \cdot \frac{3}{4} - \frac{1,2666...}{6\frac{1}{3}}$ é:

(A) $\frac{1}{20}$ (B) $\frac{3}{20}$ (C) $0,4555\ldots$ (D) $1,333\ldots$ (E) $4,25$

4) Uma torneira enche um tanque em 3 horas e uma outra em 6 horas. Abertas as duas torneiras, o tempo necessário para encher a metade do tanque é:

(A) 2 horas (B) 1 hora (C) 75 min. (D) 90 min. (E) 40 min.

5) O número $3744x$ será divisível por 15 se $x$ for o algarismo:

(A) 7 (B) 5 (C) 3 (D) 1 (E) 0

6) Um objeto é vendido com um lucro de 25% sobre o preço de compra. O lucro percentual sobre o preço de venda é de:

(A) 15% (B) 20% (C) 25% (D) 30% (E) 32%

7) Doze pedreiros fizeram 5 barracões em 30 dias, trabalhando 6 horas por dia. O número de horas por dia que deverão trabalhar 18 pedreiros para fazer 10 barracões em 20 dias é:

(A) 8 (B) 9 (C) 10 (D) 12 (E) 15

8) A idade de um pai é hoje o quádruplo da idade de seu filho. Quatro anos atrás, a idade do pai era o sêxtuplo da idade do filho. Para que a idade do pai seja igual ao dobro da idade do filho, o tempo decorrido deverá ser de:
(A) 30 anos (B) 25 anos (C) 20 anos (D) 15 anos (E) 10 anos

9) Os números $4$, $8$, $6$ e $11$, formarão, nesta ordem, uma proporção, se forem somados a um número:
(A) par
(B) ímpar
(C) primo
(D) divisor de $10$
(E) múltiplo de $3$

10) Se $x = \frac{8}{21} + \frac{1}{1+\frac{1}{1+\frac{1}{1+\frac{3}{5}}}}$ então $x$ vale:
(A) $2$ (B) $\frac{9}{5}$ (C) $\frac{3}{2}$ (D) $1$ (E) $\frac{19}{21}$

11) A diferença $27^{0,333...} - 16^{0,75}$ é igual a:
(A) $5$ (B) $6$ (C) $-5$ (D) $-6$ (E) $2$

12) Se o MDC entre os números $a$ e $b$ é $x$ então seu MMC é:
(A) $abx$ (B) $\frac{ax}{b}$ (C) $x + ab$ (D) $\frac{ab}{x}$ (E) $ab - x$

13) Um terreno retangular de dimensões $25$ hm e $4$ km foi vendido por R\$ $6.525,83$ o ha. O terreno foi negociado por:
(A) R\$ $6.525,830,00$
(B) R\$ $652.583,00$
(C) R\$ $65.258.300,00$
(D) R\$ $65.258,30$
(E) R\$ $652.583.000,00$

14) Uma indústria farmacêutica importa $600$ litros de uma vacina e vai comercializá-la em ampolas de $25$ cm$^3$. O número total de ampolas será de:
(A) $20.000$ (B) $25.000$ (C) $24.000$ (D) $30.000$ (E) $18.000$

15) O valor numérico do polinômio $x^3y + x^2y^2 - xy^3$, para $x = -1$ e $y = -2$,

é:

(A) $4$ (B) $2$ (C) $0$ (D) $-2$ (E) $-4$

16) Numa garagem com automóveis e bicicletas, o número de pneus é $480$ e o número de veículos é $192$. O número de bicicletas existentes na garagem é:

(A) maior que $150$

(B) múltiplo de $12$

(C) ímpar

(D) menor que $100$

(E) divisor de $300$

17) O menor número inteiro que satisfaz a desigualdade $(2x^2 - 7x) < 0$ é:

(A) $0$ (B) $1$ (C) $2$ (D) $3$ (E) $4$

18) O produto das raízes da equação $x^3 - 4x = 0$ é:

(A) $0$ (B) $-2$ (C) $-3$ (D) $-6$ (E) $6$

19) A equação $x^2 - 6x + p + 3 = 0$ tem uma raiz igual ao dobro da outra. O valor de $p$ é:

(A) $9$ (B) $8$ (C) $7$ (D) $6$ (E) $5$

20) O conjunto solução da equação $\sqrt{4 + 3x} - x = 0$ é:

(A) $\{0; 4; -1\}$

(B) $\{4; -1\}$

(C) $\{4\}$

(D) $\{-1\}$

(E) $\emptyset$

21) Simplificando a expressão $\frac{a-2b}{a^2-ab} \cdot \frac{a^2-b^2}{2ab-a^2}$, encontramos:

(A) $-\frac{a-b}{a^2}$ (B) $\frac{a-b}{a^2}$ (C) $\frac{b}{a}$ (D) $-\frac{a+b}{a^2}$ (E) $\frac{1-b}{a}$

22) Das afirmações abaixo, uma é falsa:

(A) $(a + b)^2 = a^2 + 2ab + b^2$

(B) $a^2 - b^2 = (a - b)(a + b)$

(C) $a^3 - b^3 = (a - b)(a^2 + ab + b^2)$

(D) $a^2 + b^2 = (a + b)^2 - 2ab$

(E) $a^3 + b^3 = (a + b)(a^2 - 2ab + b^2)$

23) Dividindo-se 580 em partes diretamente proporcionais a 7, 10 e 12, obtém-se:

(A) 100, 220 e 260
(B) 140, 200 e 240
(C) 120, 220 e 240
(D) 150, 200 e 230
(E) 70, 100 e 120

24) O valor de $A = -x^2 - 3x + 10$ para $x = -2$ é:

(A) 0 (B) 20 (C) 16 (D) 8 (E) 12

25) Um dos ângulos da base de um triângulo isósceles mede $52^\circ\,40'$. O ângulo do vértice mede:

(A) $63^\circ\,20'$ (B) $63^\circ\,40'$ (C) $74^\circ\,20'$ (D) $74^\circ\,40'$ (E) $75^\circ\,20'$

26) Aumentando-se de $20\%$ a base de um retângulo e diminuindo-se de $10\%$ a sua altura, a área do retângulo aumentará de:

(A) $12\%$ (B) $10\%$ (C) $9\%$ (D) $8\%$ (E) $6\%$

27) A razão entre a área e o perímetro de um quadrado é igual a 2. A área desse quadrado vale, em $m^2$:

(A) 8 (B) 16 (C) 24 (D) 28 (E) 64

28) A diagonal de um quadrado mede $x$. Sua área vale:

(A) $2x^2$ (B) $x^2$ (C) $2x$ (D) $4x^2$ (E) $\frac{x^2}{2}$

29) Um polígono regular apresenta 35 diagonais. O ângulo interno desse polígono mede em graus:

(A) $108^\circ$ (B) $120^\circ$ (C) $144^\circ$ (D) $150^\circ$ (E) $180^\circ$

30) Os ângulos internos de um triângulo têm suas medidas proporcionais aos números 2, 3 e 4. O triângulo é:

(A) retângulo
(B) isósceles
(C) acutângulo
(D) equilátero
(E) obtusângulo

31) O ângulo $x$, da figura 14.1 abaixo, mede em graus:

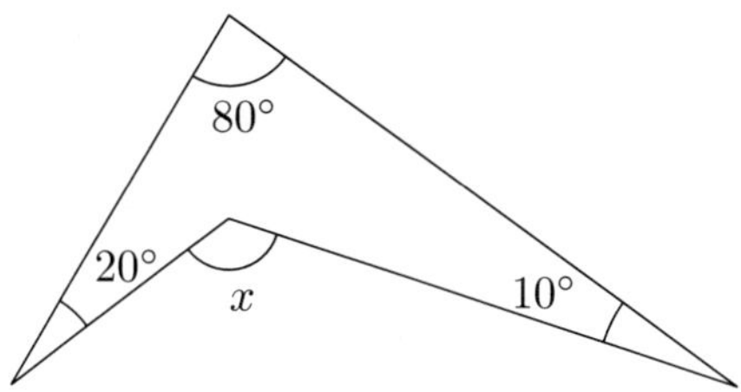


Figura 14.1

(A) 100 (B) 110 (C) 120 (D) 130 (E) 140

32) Na figura 14.2, o valor de $x$, em cm, é:

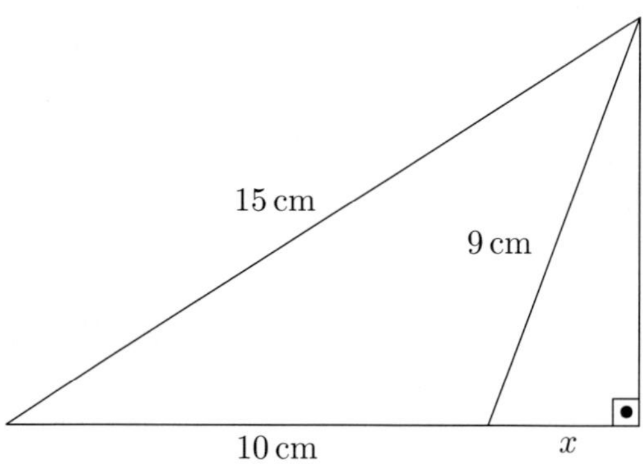


Figura 14.2

(A) $3,6$ (B) $3,2$ (C) $2,8$ (D) $2,5$ (E) $2,2$

33) As diagonais de losango medem 10 cm e 20 cm. A área do círculo inscrito no losango em cm$^2$, é:
(A) $20\pi$ (B) $12\pi$ (C) $15\pi$ (D) $10\pi$ (E) $5\pi$

34) O valor de $x$ na figura 14.3 é:

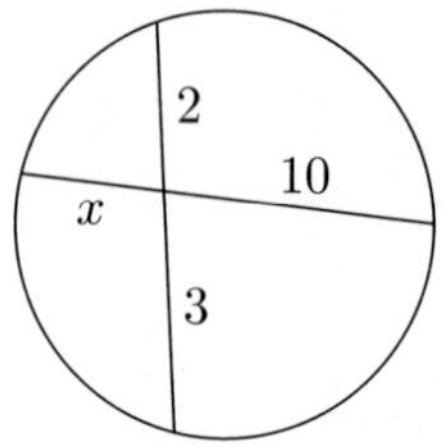


Figura 14.3

(A) $\frac{3}{5}$ (B) 1 (C) 4 (D) $\frac{20}{3}$ (E) 5

35) Na figura 14.4 $DE \parallel BC$, $AD = 4$, $DB = 10$, $AE = x$ e $EC = x + 3$. O valor de $AC$ é igual a:

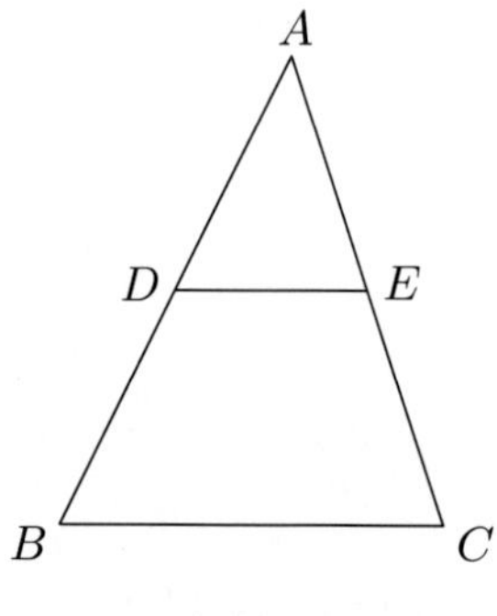


Figura 14.4

(A) 5 (B) 7 (C) 3 (D) 2 (E) 6

36) Na figura 14.5 o valor de $x$ é igual a:

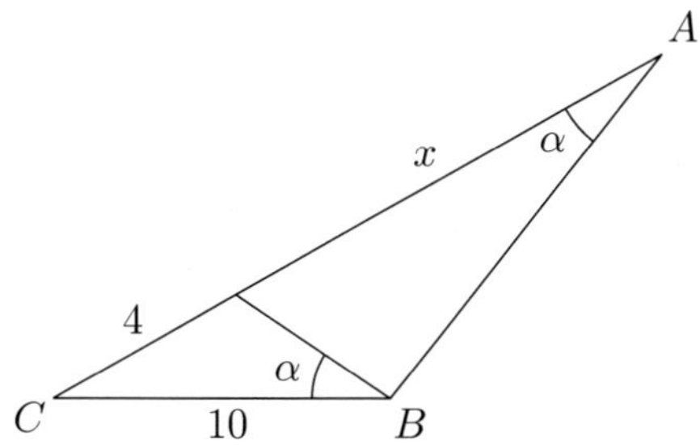


Figura 14.5

(A) 21 (B) 18 (C) 14 (D) 15 (E) 24

37) Dois ângulos $\widehat{x}$ e $\widehat{y}$, ($\widehat{x} > \widehat{y}$) são complementares. Um deles é o quádruplo do outro. A diferença $\widehat{x} - \widehat{y}$ vale:
(A) 75 (B) 80 (C) 54 (D) 15 (E) 70

38) Na figura 14.6 temos $r \parallel s$. Logo:

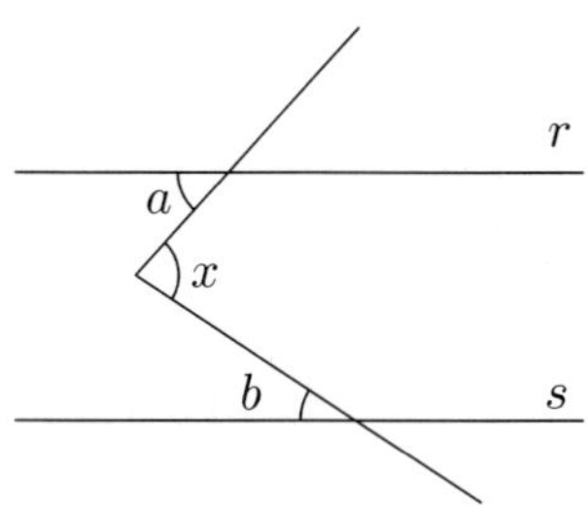


Figura 14.6

(A) $\widehat{x} = 2\widehat{a} + \frac{\widehat{b}}{2}$
(B) $\widehat{x} = 2\widehat{a} - \widehat{b}$
(C) $\widehat{x} = \widehat{b} - \frac{\widehat{a}}{2}$
(D) $\widehat{x} = \widehat{a} + \widehat{b}$
(E) $\widehat{x} = \widehat{a} - \widehat{b}$

39) No retângulo $ABCD$, $AB = 8$ cm, $BC = 3$ cm e $AM$ e $CN$ são bissetrizes. A área do paralelogramo $ANCM$, em cm$^2$, é:

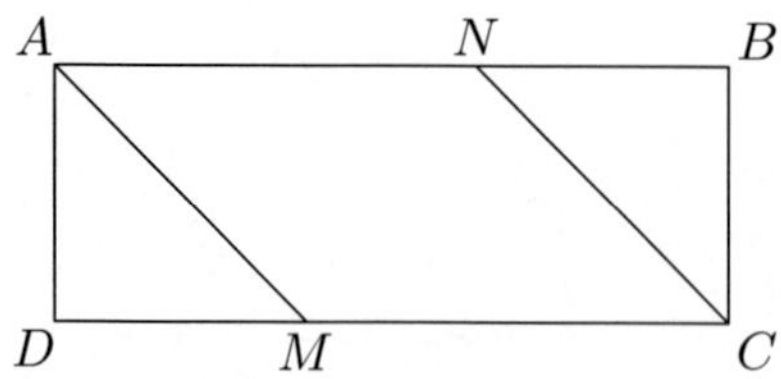


Figura 14.7

(A) 12 (B) 16 (C) 17 (D) 20 (E) 15

40) Na figura 14.8 $x$ e $y$ são ângulos retos. Então:

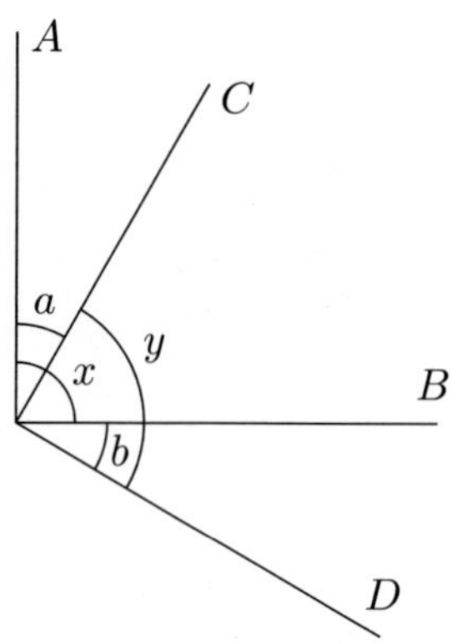


Figura 14.8

(A) $\widehat{a} = 2\widehat{b}$ (B) $\widehat{a} = \widehat{b}$ (C) $\widehat{a} < \widehat{b}$ (D) $\widehat{b} = 2\widehat{a}$ (E) $\widehat{b} < \widehat{a}$

# Capítulo 15

# Prova 1989/1990

1) A representação do número CMLXVIII em algarismos arábicos é:
(A) 958 (B) 968 (C) 1.068 (D) 1.163 (E) 1.168

2) O número $43y72$ será divisível por 6 se $y$ for o algarismo:
(A) 0 (B) 1 (C) 2 (D) 3 (E) 4

3) O número de divisores de $2^4 \cdot 3^2 \cdot 5$ é:
(A) 8 (B) 10 (C) 15 (D) 16 (E) 30

4) Um ciclista percorre 13 km em uma hora e um pedestre 4 km também em uma hora. O ciclista está 36 km atrás do pedestre. Após quantas horas será o pedestre alcançado pelo ciclista se ambos partiram ao mesmo tempo e na mesma direção?
(A) 4 h (B) 6 h (C) 8 h (D) 16 h (E) 24 h

5) O resultado da expressão $(1 + 0,5) \cdot 0,3$ é igual a:
(A) $0,35$ (B) $0,45$ (C) $1,8$ (D) $3,5$ (E) $4,5$

6) Se adotarmos como unidade de comprimento uma régua de 20 cm, teremos em 40 dam, um total de unidades igual a:
(A) 2 (B) 20 (C) 200 (D) 2.000 (E) 20.000

7) Inscreveram-se num concurso 1.480 candidatos. Qual o número de aprovados se foram reprovados 35%?
(A) 518 (B) 528 (C) 852 (D) 952 (E) 962

8) Um automóvel gasta 10 litros de combustível para percorrer 65 km. Num percurso de 910 km, a quantidade consumida em litros de combustível será de:
(A) $1,4$ (B) 14 (C) 140 (D) 240 (E) 1.400

9) Uma distância de 8 km no terreno corresponde num mapa construído na escala $\frac{1}{1000}$ ao comprimento de:
(A) 8 m (B) $0,8$ m (C) $0,08$ m (D) 80 m (E) 800 m

10) O número de vezes que um quarto está contido em $\frac{15}{12}$ é:
(A) 3 (B) 5 (C) 10 (D) 15 (E) 45

11) De um reservatório foram tirados $\frac{3}{7}$ de água nele contido mais 2.400 litros. Sobraram ainda $\frac{2}{5}$ do conteúdo. Quantos litros de água tinha o reservatório?
(A) 6.000 (B) 8.400 (C) 10.000 (D) 14.000 (E) 21.000

12) O número de garrafas com capacidade de $\frac{2}{3}$ do litro que podemos encher com 10 litros de água é:
(A) 6 (B) 10 (C) 15 (D) 30 (E) 45

13) Dividindo o numerador de uma fração por 16 e o denominador por 8, a fração fica:
(A) multiplicada por 2
(B) dividida por 128
(C) multiplicada por 128
(D) dividida por $\frac{1}{2}$
(E) dividida por 2

14) A saída de uma mina de ouro está situada a 100 m acima do nível do mar. Considerando a altitude zero como ao nível do mar, as altitudes dos pontos 50 m, 125 m e 231 m atingidas pelo elevador, quando desce, a partir da saída da mina, são indicadas pelos números:
(A) $-50$ m, 25 m e $-131$ m
(B) $-50$ m, $-25$ m e $-131$ m
(C) 50 m, $-25$ m e $-131$ m
(D) 50 m, $-25$ m e 131 m
(E) 50 m, 25 m e 131 m

15) Um automóvel, partindo do quilômetro $12$ da estrada que liga a cidade $A$ a $B$, percorre $18$ quilômetros na direção de $B$ e, regressando pela mesma estrada, percorre $23$ quilômetros. A distância do automóvel à cidade $A$ é, em quilômetros:

(A) 7 (B) 12 (C) 17 (D) 30 (E) 53

16) Calculando $\frac{3^{-1}+3^{-2}}{2^{-2}-2^{-3}}$, obtemos:

(A) $\frac{2}{9}$ (B) $\frac{3}{2}$ (C) $3\frac{5}{9}$ (D) 4 (E) 6

17) Efetuando $\frac{\frac{x}{2}-3}{\frac{x+3}{5}+\frac{2x-9}{15}}$, obtemos:

(A) $\frac{x-6}{2}$ (B) $\frac{x-6}{15}$ (C) $x-6$ (D) $\frac{3}{2}(x-6)$ (E) $\frac{3(x-6)}{2x}$

18) Efetuando $(x-3)\{(3-x)(x-3)-[(x+5)(x-3)-(3x^2-x+3)]\}$:

(A) $x^3-27$

(B) $x+3$

(C) $x-3$

(D) $x^2+3x+9$

(E) $x^2+6x+9$

19) Fatorando $9xy-12y^2$, obtemos:

(A) $3(3x-4y)$

(B) $3y(3x-4y)$

(C) $y(9-4y)$

(D) $3y(3-4y)$

(E) $y(3x-4y)$

20) Fatorando $4x^2-4x+1$, obtemos:

(A) $(4x-1)^2$ (B) $(x-\frac{1}{2})^2$ (C) $(4x+1)^2$ (D) $(2x-1)^2$ (E) $(2x+1)^2$

21) O menor número natural que satisfaz a inequação $3x-10<4x-15$ é:

(A) 4 (B) 5 (C) 6 (D) 7 (E) 8

22) Efetuando $(-8)^{-\frac{2}{3}}$, obtemos:

(A) $-2$ (B) $\frac{1}{4}$ (C) $\frac{1}{2}$ (D) 2 (E) 4

23) O valor de $\sqrt{8}-\sqrt{18}+\sqrt{2}$ é:

(A) $-\sqrt{2}$ (B) 0 (C) $\sqrt{2}$ (D) $2\sqrt{2}$ (E) $6\sqrt{2}$

24) A equação do 2º grau cujas raízes são $5$ e $2$ é:
(A) $x^2 + 7x + 10 = 0$
(B) $x^2 - 10x + 7 = 0$
(C) $x^2 - 7x + 10 = 0$
(D) $x^2 - 7x - 10 = 0$
(E) $x^2 + 10x + 7 = 0$

25) João gastou R\$ $120,00$ na compra de cadernos. Se cada caderno custasse menos R\$ $5,00$, poderia ter comprado mais $4$ cadernos. O número de cadernos que João comprou é:
(A) 6 (B) 7 (C) 8 (D) 9 (E) 10

26) Simplificando a fração $\frac{3x^2-10x-8}{2x^2-7x-4}$, obtemos:
(A) $\frac{x+2}{x+1}$
(B) $\frac{x+3}{x+2}$
(C) $\frac{3x+3}{2x+2}$
(D) $\frac{3x+2}{2x+1}$
(E) $\frac{x+8}{x+4}$

27) Na figura 15.1 abaixo, as retas $r$ e $s$ são paralelas e a reta $t$ transversal às duas. O ângulo $m$ é a quarta parte do ângulo $n$. O valor de $x$ é:

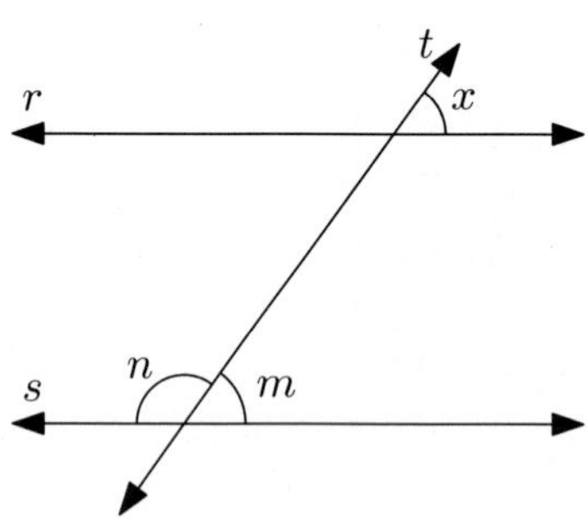


Figura 15.1

(A) $36°$ (B) $45°$ (C) $60°$ (D) $120°$ (E) $150°$

28) Num triângulo um dos ângulos mede $25°$ e o outro $100°$. O valor do

terceiro ângulo é:
(A) $55°$ (B) $65°$ (C) $75°$ (D) $80°$ (E) $125°$

29) Na figura 15.2 abaixo $\overline{MN} \parallel \overline{BC}$. O valor de $AB$ é:

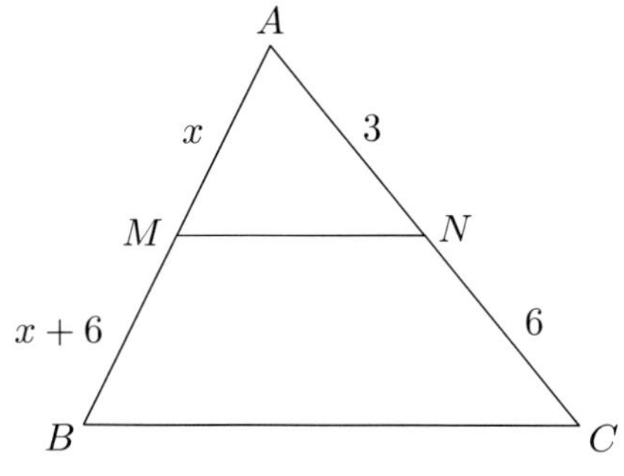


Figura 15.2

(A) 6 (B) 9 (C) 12 (D) 15 (E) 18

30) Considerando $\pi = 3,14$, o comprimento de uma circunferência de raio 3 m vale:
(A) $6,28$ m (B) $12,56$ m (C) $9,42$ m (D) $18,84$ m (E) $37,68$ m

31) O perímetro de um triângulo isósceles mede $16$ cm. O comprimento da base vale $\frac{3}{5}$ da soma dos outros dois lados que são iguais. A base mede:
(A) 5 cm (B) 6 cm (C) 8 cm (D) 10 cm (E) 12 cm

32) Os lados de um triângulo medem $5$ m, $12$ m e $13$ m. A natureza desse triângulo é:
(A) retângulo
(B) obtusângulo
(C) acutângulo
(D) isósceles
(E) equilátero

33) Num círculo duas cordas se cortam. Os dois segmentos da primeira corda têm, respectivamente, $18$ m e $10$ m. Os dois segmentos da outra corda, cujo comprimento total é $27$ m, medem:

(A) 14 m e 13 m
(B) 10 m e 17 m
(C) 18 m e 9 m
(D) 15 m e 12 m
(E) 20 m e 7 m

34) O losango $ADEF$ está inscrito no triângulo $ABC$, como mostra a figura 15.3 abaixo. Se $AB = 6$ m , $BC = 4$ m e $AC = 3$ m, o lado $x$ do losango mede:

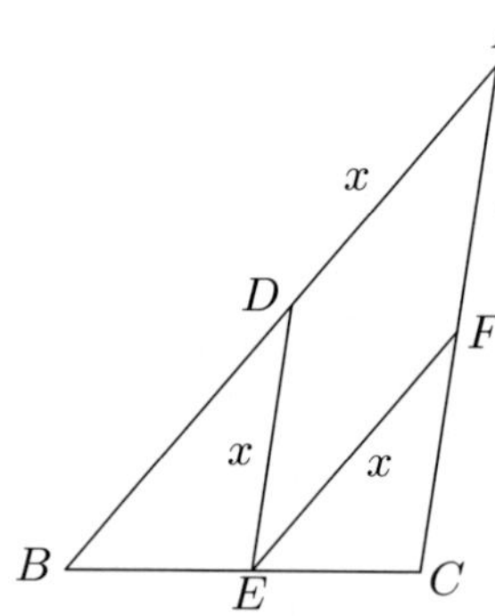


Figura 15.3

(A) 1 m (B) $1,5$ m (C) 2 m (D) $2,5$ m (E) 3 m

35) O lado de um triângulo equilátero inscrito mede 3 m. O lado do quadrado inscrito no mesmo círculo mede:
(A) 4 m (B) $\sqrt{2}$ m (C) 2 m (D) $\sqrt{6}$ m (E) $\sqrt{3}$ m

36) O perímetro de um quadrado é 16 m. A diagonal desse quadrado mede:
(A) 4 m (B) 16 m (C) $4\sqrt{2}$ m (D) 8 m (E) $16\sqrt{2}$ m

37) A altura de um triângulo mede $\frac{2}{3}$ da base e sua área 27 $m^2$. A base e altura desse mesmo triângulo medem, respectivamente:
(A) 9 m e 6 m
(B) 12 m e 18 m
(C) 8 m e 12 m
(D) 6 m e 9 m

(E) 12 m e 8 m

38) Um retângulo está inscrito num círculo de raio 5 m. O perímetro do retângulo mede 28 m. A área desse retângulo é igual a:
(A) 24 $m^2$ (B) 48 $m^2$ (C) 60 $m^2$ (D) 72 $m^2$ (E) 96 $m^2$

39) No trapézio $ABCD$ a área mede 238 $cm^2$ e a altura 34 cm. As bases $AB$ e $DC$ valem respectivamente:

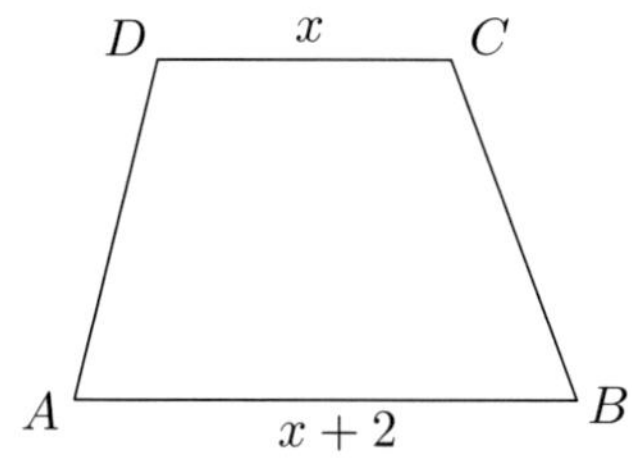


Figura 15.4

(A) 4 cm e 6 cm
(B) 6 cm e 8 cm
(C) 8 cm e 4 cm
(D) 8 cm e 6 cm
(E) 6 cm e 4 cm

40) A área da coroa circular determinada por duas circunferências concêntricas de raio 6 cm e 4 cm é igual a:
(A) $18\pi$ $cm^2$ (B) $10\pi$ $cm^2$ (C) $2\pi$ $cm^2$ (D) $20\pi$ $cm^2$ (E) $52\pi$ $cm^2$

# Capítulo 16

# Prova 1990/1991

1) É divisível por 2, 3 e 5 simultaneamente o número:

(A) 235 (B) 520 (C) 230 (D) 510 (E) 532

2) Os 625.000 tiros de fuzil devem ser acondicionados em caixas com capacidade para 250 tiros cada uma. Serão necessárias, portanto:

(A) 2.500 caixas

(B) 25 caixas

(C) 250 caixas

(D) 1.000 caixas

(E) 25.000 caixas

3) Num quartel os cabos tiram serviço de 10 em 10 dias e os soldados de 4 em 4 dias. Se o cabo Armando e o soldado Pinto estão de serviço hoje, voltarão a tirar serviço juntos daqui a:

(A) 14 dias

(B) 40 dias

(C) nunca tirarão serviço juntos

(D) 6 dias

(E) 20 dias

4) Efetuando $\frac{1}{3} + \frac{2}{3}$, encontramos:

(A) $0,9$

(B) $0,99$

(C) a operação é impossível

(D) 1

(E) $0,999$

5) O som percorre 340 m em cada segundo. Em 1 minuto, ele percorre:
(A) 2.040 m (B) $20,4$ m (C) 204 km (D) 204 m (E) $20,4$ km

6) Dois quintos do efetivo de uma companhia foi acampar. Se a mesma possui 140 homens então, estão acampados:
(A) 70 homens
(B) 28 homens
(C) 14 homens
(D) 56 homens
(E) 21 homens

7) Um atirador acerta, no alvo, 3 (três) de cada 5 (cinco) disparos que faz. Tendo feito uma série de 30 tiros, ele errou:
(A) 28 (B) 15 (C) 12 (D) 25 (E) 24

8) Uma torneira enche um tanque em 12 horas e outra em 18 horas. As duas juntas, encherão o tanque em:
(A) 15 h exatamente
(B) menos de 6 h
(C) mais de 8 h
(D) entre 6 e 8 h
(E) nenhuma acima

9) Efetuando $2^3 - (-2)^2 + 2^0$, encontramos:
(A) 1 (B) 2 (C) 3 (D) 4 (E) 5

10) O valor numérico de $(x + y)(x - y)$ para $x = -2$ e $y = 5$ é:
(A) $-7$ (B) 2 (C) $-21$ (D) $-28$ (E) $-35$

11) Simplificando $\frac{(x^2+4x+4)(x^2-x-6)}{(x+2)(x-3)(x+2)^2}$, encontraremos:
(A) 0 (B) $x - 3$ (C) $x + 2$ (D) $(x + 2)^2$ (E) 1

12) A soma de dois números é 40 e sua diferença é 12. Logo o maior número é:
(A) 52 (B) 26 (C) 28 (D) 14 (E) 32

13) Simplificando a fração $\frac{a^2+7a+12}{a^2+6a+9}$, encontramos:

(A) $\frac{a+4}{a+3}$ (B) $\frac{12}{9}$ (C) $\frac{19}{15}$ (D) $\frac{a+7}{a+6}$ (E) $\frac{4}{3}$

14) As raízes de $2x^2 - 7x + 3 = 0$ são:

(A) $3$ e $\frac{1}{2}$

(B) $3$ e $\frac{5}{6}$

(C) $1$ e $\frac{1}{2}$

(D) $2$ e $4$

(E) $2$ e $\frac{1}{2}$

15) Na figura 16.1 a seguir, temos $\overline{AB} \parallel \overline{CD}$. A medida $ED$ vale:

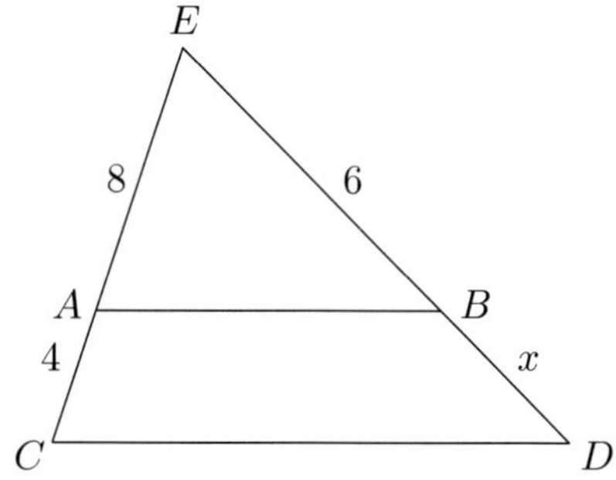


Figura 16.1

(A) 18 (B) 12 (C) 11 (D) 10 (E) 9

16) O pé de uma escada de 13 m de comprimento está afastado 5 m de um muro. A escada toca o muro portanto, a uma altura de:

(A) 18 m

(B) 9 m

(C) nenhuma anterior

(D) 8 m

(E) 12 m

17) A diagonal de um quadrado mede 6 cm. O comprimento da diagonal de outro quadrado cuja área é o dobro da área do primeiro é:

(A) $6\sqrt{2}$ cm (B) $3\sqrt{2}$ cm (C) 4 cm (D) 8 cm (E) $10\sqrt{2}$ cm

18) A hipotenusa de um triângulo retângulo isósceles mede $3\sqrt{2}$ m. A medida de cada cateto é:
(A) 18 m (B) 12 m (C) 9 m (D) 3 m (E) 2 m

19) As diagonais de um losango medem 6 m e 4 m, respectivamente. Logo, a área desse polígono mede:
(A) 10 $m^2$ (B) 12 $m^2$ (C) 16 $m^2$ (D) 24 $m^2$ (E) 36 $m^2$

20) A área de um quadrado inscrito em um círculo mede 32 $m^2$. Logo o lado de um triângulo equilátero inscrito no mesmo círculo mede:
(A) 19 m (B) $4\sqrt{3}$ m (C) $2\sqrt{3}$ m (D) $2\sqrt{2}$ m (E) $4\sqrt{2}$ m

## Capítulo 17

# Prova 1991/1992

1) No diagrama abaixo, a região hachurada representa o conjunto:

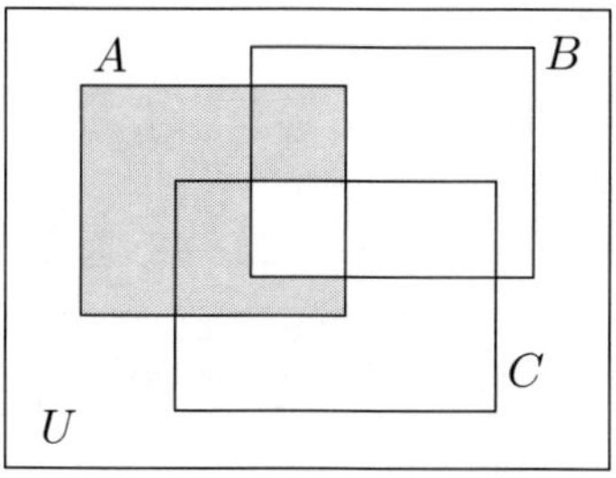


Figura 17.1

(A) $(A \cup B) \cap C$
(B) $(B \cap C) - A$
(C) $(A \cap B) - C$
(D) $A - (B \cap C)$
(E) $A - (B - C)$

2) Numa escola existem 195 alunos, 55 alunos estudam Física, 63 estudam Química e 100 alunos não estudam nenhuma das duas matérias. Os alunos que estudam as duas matérias são:

(A) 23 (B) 2 (C) 95 (D) 32 (E) 40

3) Em um autódromo, três pilotos partem juntos de um mesmo ponto e no

mesmo sentido. O primeiro completa cada volta em $0,6$ minutos, o segundo em $0,8$ minutos e o terceiro em $1,2$ minutos. Os três vão estar juntos outra vez em:

(A) 288 seg. (B) 144 seg. (C) 172 seg. (D) 216 seg. (E) 432 seg.

4) Um estudante gastou $\frac{1}{7}$ do seu salário com alimentação. $\frac{5}{6}$ do que sobrou com educação e outras despesas. Restaram, ainda, R\$ $286,34$. O seu salário é de:

(A) R\$ $3.006,20$
(B) R\$ $4.004,16$
(C) R\$ $2.004,38$
(D) R\$ $1.736,40$
(E) R\$ $2.134,29$

5) Se a razão entre os números $a$ e $b$, nesta ordem, é de $0,75$; então a razão entre os números $a+b$ e $b$ é:

(A) $\frac{4}{3}$ (B) $\frac{1}{3}$ (C) $\frac{3}{4}$ (D) $1,75$ (E) $0,25$

6) Se o MDC $(a,b)=4$, MMC $(a,b)=80$ e $a+b=36$, então o valor numérico da expressão $2a-b$, sendo $a>b$, é:

(A) 24 (B) 16 (C) 20 (D) 36 (E) 12

7) Racionalizando o denominador da expressão $\frac{\sqrt{3}-\sqrt{2}}{\sqrt{3}+\sqrt{2}}$, obtemos:

(A) $3\sqrt{6}$
(B) $-2\sqrt{6}+5$
(C) $\frac{2\sqrt{3}+3\sqrt{2}}{4}$
(D) $2+\sqrt{3}$
(E) $3+\sqrt{6}$

8) Representando a expressão $\frac{\frac{1}{16}\cdot 0,25\cdot 128\div 2^{-1}}{(\frac{1}{4})^{-2}}$, por uma só potência de base 2, obtemos:

(A) $2^{-2}$ (B) $2^{2}$ (C) $2^{-1}$ (D) $2^{-3}$ (E) $2^{0}$

9) Simplificando a fração algébrica $\frac{x^3-x^2-x+1}{x^3-x}$, para $x\neq 0$, $x\neq 1$ e $x\neq -1$, obtemos:

(A) $\frac{x}{x+1}$ (B) $\frac{1}{x-1}$ (C) $x-1x$ (D) $\frac{x-1}{x+1}$ (E) $\frac{1}{x+1}$

10) Em $\frac{x-5}{3}=\frac{x-1}{5}$, o valor de $x$ é:

(A) $11$ (B) $12$ (C) $13$ (D) $10$ (E) $14$

11) Se $3x - 2y = 12$ e $2x + 3y = -5$, então, o valor do produto $xy$ é;
(A) $-14$ (B) $10$ (C) $12$ (D) $-6$ (E) $-8$

12) O valor da expressão $\frac{3{,}2-2}{0{,}2\cdot 0{,}3} - \frac{(0{,}3)^{-2}+0{,}3}{0{,}131313...}$ é:
(A) $17,03$ (B) $22,97$ (C) $1$ (D) $19,07$ (E) $0,34$

13) O valor da expressão $\frac{\{\frac{3}{4}+[1-(\frac{1}{2})^2\cdot\frac{5}{3}]\}}{\frac{5}{9}}$ é:
(A) $\frac{5}{12}$ (B) $\frac{7}{9}$ (C) $1$ (D) $1\frac{3}{4}$ (E) $2\frac{2}{5}$

14) O valor de $x$ na figura 17.2 abaixo, onde $r \parallel s$, é:

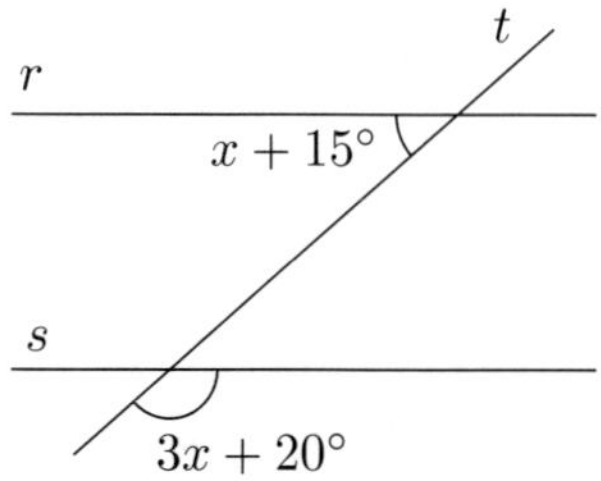


Figura 17.2

(A) $36,15°$ (B) $2°\,30'$ (C) $34°\,15'$ (D) $36°\,15'$ (E) $36°$

15) Na figura 17.3 abaixo, $\overline{CD}$ é bissetriz do ângulo interno $\widehat{C}$ e $\overline{EF} \parallel \overline{AB}$. O perímetro do triângulo $ABC$ é:

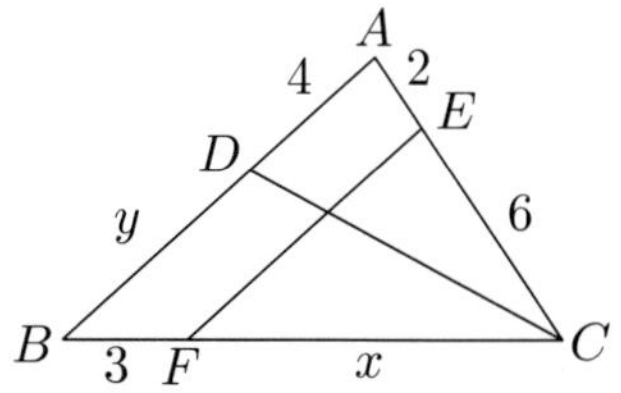


Figura 17.3

(A) 30 (B) 28 (C) 20 (D) 25 (E) 32

16) Depois polígonos $ABCDEF$ e $A'B'C'D'E'F'$ são semelhantes. Se o perímetro do primeiro é 120 cm e o lado $\overline{CD}$ mede 10 cm, então o perímetro do segundo, cujo lado $\overline{C'D'}$, homólogo de $\overline{CD}$, mede 4 cm, é:
(A) 24 cm (B) 36 cm (C) 48 cm (D) 12 cm (E) 72 cm

17) Num triângulo retângulo $ABC$, as projeções dos catetos sobre a hipotenusa medem 3 cm e 5 cm. Sendo assim, a área deste triângulo é:
(A) $4\sqrt{2}$ cm$^2$ (B) 15 cm$^2$ (C) 24 cm$^2$ (D) $4\sqrt{15}$ cm$^2$ (E) $3\sqrt{10}$ cm$^2$

18) Se as medidas dos lados de um triângulo $ABC$ são $a = 11$ cm, $b = 9$ cm e $c = 4$ cm, então a área desse triângulo é:
(A) 36 cm$^2$
(B) $12\sqrt{2}$ cm$^2$
(C) 44 cm$^2$
(D) $\frac{7\sqrt{2}}{3}$ cm$^2$
(E) $15\sqrt{3}$ cm$^2$

19) O ângulo central de um setor circular mede 120. Se o diâmetro da circunferência mede 12 cm, então a área deste setor circular é, aproximadamente: "Dados $\pi = 3,14$".
(A) $23,45$ cm$^2$
(B) $37,68$ cm$^2$
(C) $43,20$ cm$^2$
(D) $60,30$ cm$^2$
(E) $12,13$ cm$^2$

20) Considere um hexágono regular numa circunferência de raio $R = 8$ cm. A área da região do círculo externa ao polígono é, aproximadamente "Dados $\pi = 3,14$ e $\sqrt{3} = 1,73$".
(A) $23,14$ cm$^2$
(B) $12,15$ cm$^2$
(C) $47,30$ cm$^2$
(D) $34,88$ cm$^2$
(E) $53,69$ cm$^2$

# Capítulo 18

# Prova 1992/1993

1) Se o número $N = 2^x \cdot 3^2$ tem 6 divisores, o valor de $N$ é:

(A) $1$ (B) $2$ (C) $9$ (D) $18$ (E) $72$

2) Dois amigos têm juntos $80$ selos. O mais velho possui o triplo do mais novo. O mais velho possui:

(A) $20$ selos (B) $30$ selos (C) $40$ selos (D) $60$ selos (E) $70$ selos

3) Dez pessoas realizam um trabalho em $15$ dias. Seis pessoas faziam o mesmo trabalho em:

(A) $9$ dias (B) $10$ dias (C) $15$ dias (D) $20$ dias (E) $25$ dias

4) O resultado da expressão $-\frac{2}{3} + 1\frac{2}{3} - 2$ é:

(A) $-\frac{2}{3}$ (B) $-1$ (C) $1$ (D) $0$ (E) $-1\frac{2}{3}$

5) Resolvendo a expressão $0,3 + 5 \cdot (-\frac{2}{5}) + 0,333\ldots$, obtemos:

(A) $-2$ (B) $-\frac{41}{30}$ (C) $\frac{79}{30}$ (D) $-\frac{14}{30}$ (E) $-\frac{7}{5}$

6) A forma simplificada da expressão $(x-y)^2 - (x+y)(x-y)$ é:

(A) $-2xy$

(B) $2x^2 - 2xy$

(C) $2xy$

(D) $y^2 - 2xy$

(E) $2y(y-x)$

7) Simplificando a fração $\frac{x^2-6x+9}{x^2-9}$, encontramos:

(A) $\frac{x-3}{x+3}$ (B) $\frac{x-2}{x+3}$ (C) $\frac{x-3}{x}$ (D) 1 (E) $-1$

8) Resolvendo a equação $\frac{x-4}{3} + \frac{x-1}{2} = 4$, obtemos para o valor de $x$:
(A) 8 (B) 7 (C) 6 (D) 5 (E) 4

9) Simplificando $\sqrt{20} + \sqrt{45}$, encontramos:
(A) $5\sqrt{2} + 5\sqrt{3}$ (B) $10\sqrt{6}$ (C) $5\sqrt{5}$ (D) $6\sqrt{5}$ (E) $-5$

10) Racionalizando a fração $\frac{5}{3+\sqrt{2}}$, obtemos:
(A) $10 + 5\sqrt{3}$ (B) $5\sqrt{3} - 10$ (C) $5\sqrt{3}$ (D) $-5\sqrt{3}$ (E) $10 - 5\sqrt{3}$

11) A maior raiz da equação $x^2 + 9x + 8 = 0$ é:
(A) 1 (B) 8 (C) 0 (D) $-8$ (E) $-1$

12) Sendo $m$ e $n$ raízes da equação $x(x-2) = x + 4$, o valor de $(2^m)^n$ é:
(A) 16 (B) 8 (C) $\frac{1}{16}$ (D) $-8$ (E) $-16$

13) Na figura 18.1 abaixo, o valor de $\alpha$ é:

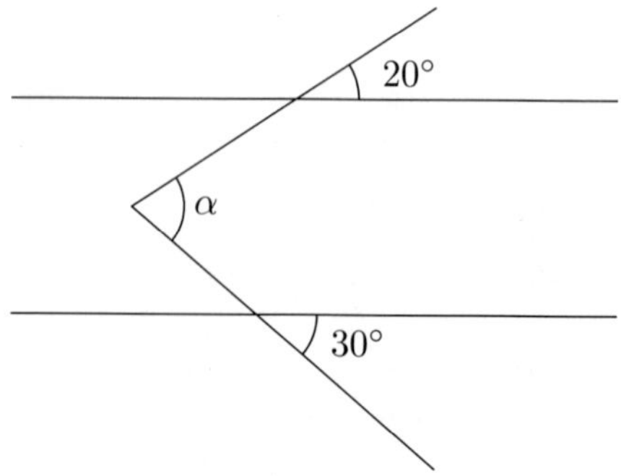


Figura 18.1

(A) 20 (B) 30 (C) 50 (D) 60 (E) 90

14) Na figura 18.2 abaixo, o segmento $\overline{AB}$ mede 14 cm e o segmento $\overline{MN}$ mede 12 cm. $M$ é o ponto médio de $\overline{AB}$ e $N$ é o ponto médio de $\overline{BC}$. A medida do segmento $\overline{AC}$ é:

Figura 18.2

(A) 28 (B) 20 (C) 12 (D) 19 (E) 24

15) O valor de $x$ no triângulo abaixo (figura 18.3) é:

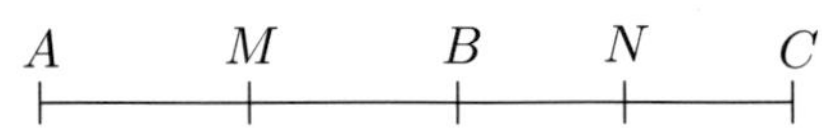


Figura 18.3

(A) 18 (B) 36 (C) 54 (D) 60 (E) 90

16) Um homem quer saber a altura de um edifício cuja sombra num determinado momento mede 30 m. Sabendo-se que, nesse mesmo momento, esse homem de $1,20$ m tem sua sombra de $40$ cm, podemos garantir que o edifício mede:
(A) 10 m (B) 20 m (C) 50 m (D) 60 m (E) 90 m

17) Calculando $x$ e $y$ na figura 18.4 abaixo obtemos, respectivamente:

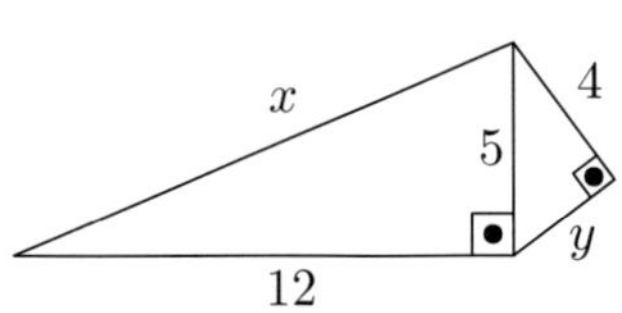


Figura 18.4

(A) 13 e 6 (B) 15 e 3 (C) 13 e 4 (D) 13 e 3 (E) 20 e 3

18) A área, em cm$^2$, de um losango de perímetro $40$ cm e que possui uma das diagonais medindo $16$ cm mede:
(A) 10 (B) 48 (C) 96 (D) 160 (E) 640

19) O apótema de um hexágono regular de lado $4$ m mede:

(A) 4 m (B) $4\sqrt{3}$ m (C) $2\sqrt{3}$ m (D) $8\sqrt{3}$ m (E) 2 m

20) A área da figura 18.5 a seguir é:

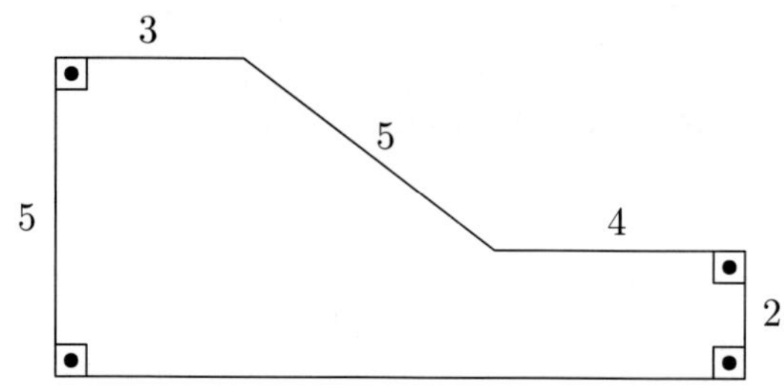


Figura 18.5

(A) 29 (B) 37 (C) 22 (D) 55 (E) 30

# Capítulo 19

# Prova 1993/1994

1) Dados os números $0,09$ e $0,25$ foram calculados suas médias aritméticas e geométrica e somados os valores obtidos. A soma encontrada foi:

(A) $32$ (B) $3,2$ (C) $0,32$ (D) $0,0032$ (E) $0,032$

2) Um capital aplicado a juros simples de $10\%$ ao mês, no final de $45$ dias elevou-se a R\$ $103.500,00$. O valor do capital inicial era:

(A) R\$ $92.000,00$
(B) R\$ $96.000,00$
(C) R\$ $90.000,00$
(D) R\$ $84.000,00$
(E) R\$ $88.000,00$

3) A idade de uma pessoa é hoje o triplo da idade da outra e daqui a $11$ anos será o dobro. A soma de suas idades atuais é:

(A) $18$ (B) $36$ (C) $48$ (D) $40$ (E) $44$

4) Marcelo resolveu corretamente $90\%$ das questões de uma prova e André $70\%$. Se nenhuma questão da prova ficou sem ser resolvida pelo menos por um deles, e $18$ delas foram resolvidas corretamente pelos dois, podemos concluir que a prova constava de:

(A) $148$ questões
(B) $100$ questões
(C) $50$ questões
(D) $30$ questões
(E) $20$ questões

5) Se $\frac{x}{6}$, $\frac{y}{3}$, $\frac{z}{15}$ são razões iguais e $x + 2y + 3z = 38$, $x + y + z$ é igual a:

(A) 32 (B) 16 (C) 24 (D) 36 (E) 18

6) O valor de $\sqrt{0,111\ldots}$ é:

(A) racional inteiro (B) $0,333\ldots$ (C) $0,222\ldots$ (D) $0,1$ (E) $0,111\ldots$

7) Se $a^3 + 3a^2b + 3ab^2 + b^3 = 125$ e $a^3 - 3a^2b + 3ab^2 - b^3 = 1$, tem-se que $2a - 3b$ vale:

(A) 0 (B) 6 (C) $-1$ (D) 5 (E) 8

8) As raízes $\frac{2}{3}$ e $\frac{3}{5}$ pertencem à equação:

(A) $15x^2 - 6x + 19 = 0$
(B) $18x^2 - 6x + 15 = 0$
(C) $6x^2 - 19x + 15 = 0$
(D) $18x^2 - 15x + 6 = 0$
(E) $15x^2 - 19x + 6 = 0$

9) As equações $\frac{2x-1}{3} - \frac{x+1}{2} = \frac{5}{6}$ e $\frac{x}{2} + mx = x + 5$ são equivalentes se $m$ for igual a:

(A) 10 (B) 0 (C) $-1$ (D) 1 (E) $-5$

10) Sendo $a \in \mathbb{R}^*$, o valor da expressão $\frac{\sqrt[3]{a^2}}{\sqrt{a}}$ é:

(A) $\sqrt[3]{a}$ (B) $a$ (C) $\sqrt[6]{a}$ (D) $a\sqrt{a}$ (E) $a^2$

11) Para que a fração $\frac{2x-3}{x^2-10x+25}$ seja negativa é necessário e suficiente que:

(A) $x < \frac{3}{2}$ (B) $\frac{3}{2} < x < 5$ (C) $x \geq 5$ (D) $x < 5$ (E) $x = 10$

12) O conjunto solução da equação $\frac{1}{2x-3} - \frac{3}{2x^2-3x} - \frac{5}{x} = 0$ é:

(A) $V = \{-\frac{4}{3}\}$ (B) $V = \{\frac{4}{3}\}$ (C) $V = \{\frac{3}{2}\}$ (D) $V = \{0\}$ (E) $\emptyset$

13) O comprimento de um arco de $12°$ numa circunferência de diâmetro $D$ é aproximadamente: (obs: $\pi = 3$):

(A) $\frac{D}{4}$ (B) $\frac{D}{6}$ (C) $\frac{D}{8}$ (D) $\frac{D}{10}$ (E) $\frac{D}{12}$

14) Num losango de 8 cm de perímetro, os ângulos internos obtusos são o dobro dos ângulos internos agudos. A área do losango mede:

(A) $\frac{\sqrt{2}}{2}$ cm$^2$ (B) $\sqrt{3}$ cm$^2$ (C) $2\sqrt{3}$ cm$^2$ (D) $4\sqrt{3}$ cm$^2$ (E) $3\sqrt{3}$ cm$^2$

15) Dois triângulos equiláteros têm áreas medindo respectivamente $16\sqrt{3}$ cm$^2$ e $64\sqrt{3}$ cm$^2$. A razão entre suas alturas é:
(A) $\frac{1}{4}$ (B) $\frac{1}{2}$ (C) $\frac{2}{3}$ (D) $\frac{3}{4}$ (E) $\frac{3}{2}$

16) Considere um triângulo isósceles $ABC$ onde $AB = AC$. Prolongando-se o lado $\overline{AB}$ de um segmento $\overline{BM}$ tal que med$(A\widehat{C}M) =$ med$(B\widehat{M}C) = 20°$, podemos concluir que o ângulo $B\widehat{C}M$ mede:
(A) 10 (B) 13 (C) 15 (D) 20 (E) 9

17) A distância entre dois pontos paralelos de um hexágono regular inscrito num círculo é definida por $(a + 2)\sqrt{3}$ m. Assim sendo, o raio desse círculo tem por expressão:
(A) $a\sqrt{3}$ m (B) $(a + 2)$ m (C) $2\sqrt{3}$ m (D) $\frac{(a+2)\sqrt{3}}{2}$ m (E) $\frac{a+2}{2}$ m

18) Num triângulo cujos lados medem 5 cm, 12 cm, 13 cm , o comprimento da altura relativa ao lado maior é aproximadamente:
(A) $4,0$ cm (B) $4,2$ cm (C) $4,4$ cm (D) $4,6$ cm (E) $4,8$ cm

19) Dois triângulos são semelhantes. Os lados do primeiro medem 6 cm, $8,5$ cm e $12,5$ cm e o perímetro do segundo mede 81 cm. O maior lado do segundo mede:
(A) $15,75$ cm (B) 25 cm (C) $37,5$ cm (D) 50 cm (E) $62,5$ cm

20) No trapézio abaixo o valor de $x$ para que o seu perímetro seja igual a 36 é:

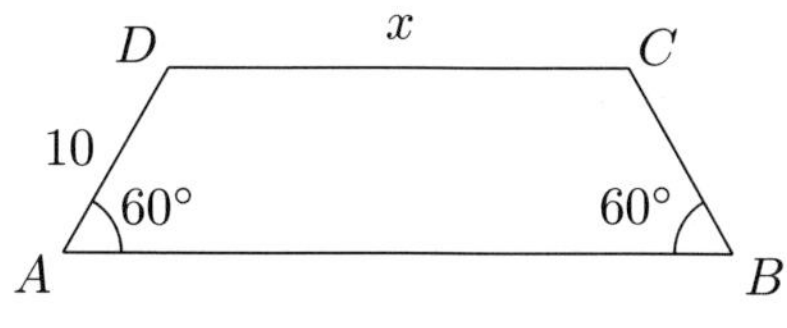


Figura 19.1

(A) 1 (B) 2 (C) 5 (D) 4 (E) 3

# Capítulo 20

# Prova 1994/1995

1) Se o número $7x4$ é divisível por $18$, então o algarismo $x$:
(A) não existe (B) vale $4$ (C) vale $7$ (D) vale $9$ (E) vale $0$

2) Fatorando a expressão $x^2 + 100x + 99$, obtemos:
(A) $(x + 1)(x + 99)$
(B) $(x + 1)(x - 99)$
(C) $(x - 1)(x + 99)$
(D) $(x - 1)(x - 99)$
(E) $(x + 100)(x + 99)$

3) Sejam $a$ e $b$ inteiros positivos não nulos e $a$ divisível por $b$. Então o MMC $(a, b)$ é:
(A) $1$ (B) $a$ (C) $b$ (D) $ab$ (E) n.d.a

4) Calculando $(\frac{3}{2})^6 \cdot (\frac{2}{30})^6$, obtemos:
(A) $0,0001$
(B) $0,00001$
(C) $0,000001$
(D) $0,0000001$
(E) $0,00000001$

5) Um número é formado por três algarismos, cuja soma é $15$. O algarismo das dezenas é o triplo do algarismo das unidades e o algarismo das centenas é o sucessor do algarismo das dezenas. Esse número é:
(A) $276$ (B) $267$ (C) $726$ (D) $762$ (E) $627$

6) Duas equações do 1º grau, com um mesmo conjunto universo, são equivalentes quando tiverem o mesmo conjunto verdade. Supondo em todos os casos o conjunto dos racionais como conjunto universo, dentre os pares seguintes, o de equações equivalentes é:
(A) $3x + 2 = -1$ e $7x + 8 = 1$
(B) $x + 5 = 0$ e $3x = 15$
(C) $5x - 8 = 0$ e $2x + 4 = 0$
(D) $5x - 8 = 0$ e $5x = -8$
(E) $2x - 6 = 0$ e $2x = -6$

7) Um segmento de $17,1$ m é representado num desenho em escala $1 : 90$. O tamanho do segmento desenhado é:
(A) 9 m (B) 9 cm (C) 19 m (D) 19 cm (E) 19 dm

8) Assinale a alternativa em que temos um par de radicais semelhantes:
(A) $9\sqrt{2}$ e $4\sqrt{3}$
(B) $5\sqrt{2}$ e $8\sqrt[3]{2}$
(C) $-2\sqrt[3]{9}$ e $3\sqrt[3]{9}$
(D) $7\sqrt{5}$ e $7\sqrt[3]{2}$
(E) $3\sqrt{7}$ e $-3\sqrt{6}$

9) Sejam $S$ e $P$, respectivamente, a soma e o produto das raízes de uma equação do 2º grau. Então a equação pode ser escrita:
(A) $x^2 - Sx - P = 0$
(B) $x^2 - Sx + P = 0$
(C) $x^2 + Sx + P = 0$
(D) $x^2 + Sx - P = 0$
(E) $x^2 + Px - S = 0$

10) Sendo $a \neq 3$ e $a \neq 0$, a forma mais simples da expressão $\frac{a^2-6a+9}{a^2-3a}$ é:
(A) $2a + 9$ (B) $9 - 2a$ (C) $2a + 3$ (D) $\frac{a-3}{a}$ (E) $\frac{a-3}{a+3}$

11) Calculando $x$ na figura 20.1 dos quadrados abaixo, encontramos:
(A) 2 (B) 4 (C) 6 (D) 3 (E) 8

12) A distância entre os centros de dois círculos é $53$. Se os raios medem 20 e 8, o segmento da tangente comum interna vale:

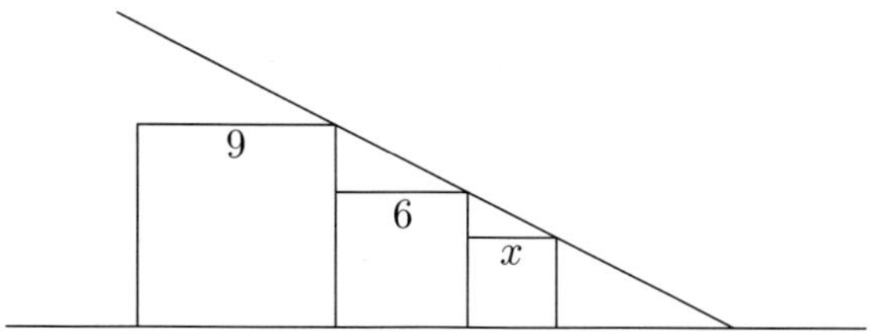


Figura 20.1

(A) 45 (B) 46 (C) 48 (D) 50 (E) 52

13) Num triângulo $ABC$, o ângulo $A$ é obtuso. Os lados $\overline{AB}$ e $\overline{AC}$ medem 3 e 4 respectivamente, então:
(A) $BC < 4$
(B) $BC < 5$
(C) $BC > 7$
(D) $5 < BC < 7$
(E) $4 < BC < 5$

14) O desenvolvimento de $(x-1)^3$ corresponde a:
(A) $x^3 - x^2 - x - 1$
(B) $x^3 - 3x^2 + 3x - 1$
(C) $x^3 + 3x^2 + 3x + 1$
(D) $x^3 + x^2 - x + 1$
(E) $x^3 - 1$

15) O conjunto solução da equação $\frac{3}{x-2} + \frac{1}{x-4} = \frac{4}{x-5}$ é:
(A) $\{x \in \mathbb{R} \mid x = -4\}$
(B) $\{x \in \mathbb{R} \mid x = \frac{7}{19}\}$
(C) $\{x \in \mathbb{R} \mid x = \frac{5}{7}\}$
(D) $\{x \in \mathbb{R} \mid x = 4\}$
(E) $\{x \in \mathbb{R} \mid x = \frac{19}{5}\}$

16) Quando duas retas paralelas coplanares $r$ e $s$ são cortadas por uma transversal $t$, elas formam:
(A) ângulos alternos externos suplementares
(B) ângulos colaterais internos complementares.
(C) ângulos alternos externos congruentes.

(D) ângulos alternos internos suplementares.
(E) ângulos correspondentes suplementares.

17) Seja um paralelogramo, cujo perímetro é $80$ cm e o lado menor é $\frac{3}{5}$ de medida do lado maior. Os lados do paralelogramo são:
(A) 25 e 15 (B) 28 e 12 (C) 24 e 16 (D) 30 e 10 (E) 22 e 18

18) O valor numérico de $x^3 - 4x^2 + 5x - 7$ para $x = -1$ é:
(A) $-17$ (B) $-9$ (C) $-5$ (D) 3 (E) 5

19) $\overline{AB}$ é hipotenusa de um triângulo retângulo $ABC$. A medida $AD$ mede 7 e a mediana $\overline{BE}$ mede 4. O comprimento $AB$ é igual a:
(A) $2\sqrt{13}$ (B) $5\sqrt{2}$ (C) $5\sqrt{3}$ (D) 10 (E) $10\sqrt{2}$

20) A soma das medidas dos ângulos internos de um triângulo é igual a 180 graus. Num triângulo, as medidas desses ângulos são diretamente proporcionais aos números 3, 4 e 2, respectivamente. Então, os ângulos desse triângulo medem, em graus:
(A) 100, 50 e 30
(B) 60, 70 e 50
(C) 60, 80 e 40
(D) 60, 90 e 30
(E) 50, 90 e 40

# Capítulo 21

# Prova 1995/1996

1)

> "TENHO O DOBRO DA IDADE QUE TU TINHAS, QUANDO EU TINHA A IDADE QUE TU TENS".

O trecho acima constitui o início do enunciado de um dos problemas mais interessantes da álgebra elementar. Coloque-se na posição da pessoa que está fazendo tal afirmação: indique a sua idade pela incógnita $x$ e a idade da outra por $y$. Uma equação que traduz algebricamente o trecho dado é:
(A) $x - 2y = 0$
(B) $2x - y = 0$
(C) $3x - 2y = 0$
(D) $2x - 3y = 0$
(E) $3x - 4y = 0$

2) Os valores de $m$ e $p$ são tais que, simultaneamente, a equação $3x^2 - 12x + 2m = -$ admite raízes reais iguais e a equação $x^2 + (p^2 - 64)x + (p + m) = 0$ admite raízes simétricas. Uma equação de 2º grau cujas raízes são $m$ e $p$ é:
(A) $x^2 - 14x + 48 = 0$
(B) $x^2 + 14x + 48 = 0$
(C) $x^2 + 2x - 48 = 0$
(D) $x^2 - 2x - 48 = 0$
(E) $x^2 + 2x + 48 = 0$

3) O triângulo retângulo $MPQ$ está inscrito num retângulo $ABCD$, como mostra a figura 21.1 abaixo. Sabe-se que med$(\overline{AP}) <$ med$(\overline{PD})$, med$(\overline{AD}) =$

4 cm, med($\overline{AM}$) = med($\overline{MB}$) = 3 cm e med($\overline{CQ}$) = 5 cm. Então, a altura do triângulo $MPQ$ relativa á hipotenusa, em centímetros, mede:

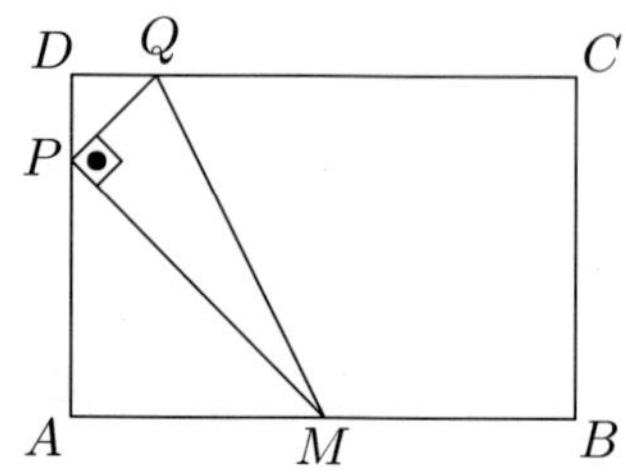


Figura 21.1

(A) $\sqrt{2}$ (B) $\sqrt{5}$ (C) $\sqrt{10}$ (D) $3\sqrt{2}$ (E) $\sqrt{20}$

4) O critério de correção de um teste estipulativa que seriam atribuídos 5 pontos a cada item com resposta certa e seriam retirados 3 pontos por item com resposta errada; itens deixados em branco não seriam computados. Um candidato respondeu a 42 itens e obteve 106 pontos. Se, nas questões feitas, houvesse errado o dobro dos itens que errou, teria obtido:
(A) 2 pontos (B) 18 pontos (C) 34 pontos (D) 50 pontos (E) 66 pontos

5) Na fatoração do polinômio $x^2 + y^2 - 2xy - x + y$, um dos fatores é:
(A) $x - y - 1$ (B) $x + y$ (C) $x + y - 1$ (D) $x - y + 1$ (E) $x + y + 1$

6) No polinômio regular $ABCDE\ldots$, o número de diagonais é o triplo do número de lados. Nesse polígono, o ângulo formado pela bissetriz do ângulo interno. $\widehat{A}$ com a mediatriz do lado $\overline{BC}$ mede:
(A) 10° (B) 20° (C) 40° (D) 60° (E) 80°

7) Um triângulo retângulo está inscrito em um círculo e seu cateto maior, que corresponde ao lado do triângulo equilátero inscrito nesse círculo, mede $4\sqrt{3}$ cm. A altura desse triângulo em relação à hipotenusa mede:
(A) $3\sqrt{3}$ cm (B) $2\sqrt{3}$ cm (C) $\sqrt{3}$ cm (D) 4 cm (E) 2 cm

8) Dois círculos são concêntricos e o raio do menor mede 6 cm. Uma corda do círculo maior que tangencie a circunferência do círculo menor tem mesma medida que o lado do triângulo equilátero inscrito nesse círculo maior. A área

desse triângulo em $cm^2$ é:
(A) $9\sqrt{3}$ (B) $27\sqrt{3}$ (C) $36\sqrt{3}$ (D) $81\sqrt{3}$ (E) $108\sqrt{3}$

9) Um estudante possui uma economia que corresponde a $\frac{1}{6}$ do valor dos equipamentos que precisa para o seu microcomputador. Se acrescentar 630 dólares, passa a ter uma quantia, em dólares que corresponde a $\frac{3}{4}$ do valor das suas necessidades. Desse modo, para que ele possa comprar tudo o que precisa e ainda ficar com uma reserva de 100 dólares, o estudante deve ter:
(A) 840 dólares
(B) 940 dólares
(C) 980 dólares
(D) 1.080 dólares
(E) 1180 dólares

10) O complementar de $\frac{3}{4}$ de $79^\circ\, 35'\, 48''$ mede:
(A) $7^\circ\, 48'\, 9''$
(B) $16^\circ\, 7'\, 44''$
(C) $30^\circ\, 18'\, 9''$
(D) $30^\circ\, 48'\, 52''$
(E) $73^\circ\, 52'\, 16''$

# Capítulo 22

# Prova 1996/1997

1) Uma fábrica de doces distribui certo tipo de balas em pacotes de 2 kg, que contém 250 balas iguais. Qual é o peso de 15 dessas balas?
(A) 12 g (B) $1,2$ kg (C) 120 cg (D) 12 dag (E) 1200 mg

2) O valor da expressão $-5a^2 - b^3$ para $a = -2$ e $b = -1$ é:
(A) $-43$ (B) 21 (C) 19 (D) $-17$ (E) $-19$

3) Se $a^{-1} + b^{-1} = c^{-1}$, $a = -\frac{1}{2}$ e $b = \frac{1}{3}$, então $c$ vale:
(A) $-1$ (B) 1 (C) $\frac{1}{6}$ (D) $-\frac{1}{6}$ (E) $\frac{1}{5}$

4) O valor simplificado da expressão $\frac{3-1,2\cdot 2}{1-\frac{0,06}{0,15}}$ é:
(A) $\frac{2}{3}$ (B) 1 (C) 4 (D) 6 (E) $6\frac{2}{3}$

5) A expressão $(a+b)^2 \cdot (a-b)^2$ é equivalente a:
(A) $a^4 - b^4$
(B) $a^4 + b^4$
(C) $a^4 + 2a^2b^2 + b^4$
(D) $a^4 - 2a^2b^2 + b^4$
(E) $a^4 - 2a^2b^2 - b^4$

6) Entre os números abaixo, é quadrado de número natural:
(A) $4^3 \cdot 5^2 \cdot 9^3$
(B) $2^4 \cdot 4^2 \cdot 5^3$
(C) $2^6 \cdot 5^4 \cdot 6^3$
(D) $2^4 \cdot 3 \cdot 5^2$

(E) $2^5 \cdot 3^2 \cdot 4^6$

7) Numa carpintaria empilham-se 50 tábuas, umas de 2 cm e outras de 5 cm de espessura. A altura da pilha é de 154 cm. A diferença entre o número de tábuas de cada espessura é de:
(A) 12 (B) 14 (C) 16 (D) 18 (E) 25

8) Uma área retangular de 12 hm$^2$ vai ser loteada de acordo com um projeto de urbanização, que destina a quarta parte dessa área para ruas internas no loteamento. A parte restante está dividia em 200 lotes iguais retangulares, com comprimento igual ao dobro da largura. O perímetro em metros de cada lote será de:
(A) 450 (B) 225 (C) 120 (D) 90 (E) 75

9) Em um círculo de centro $O$, está inscrito o ângulo $\alpha$. Se o arco $AMB$ mede 130°, o ângulo $\alpha$ mede:

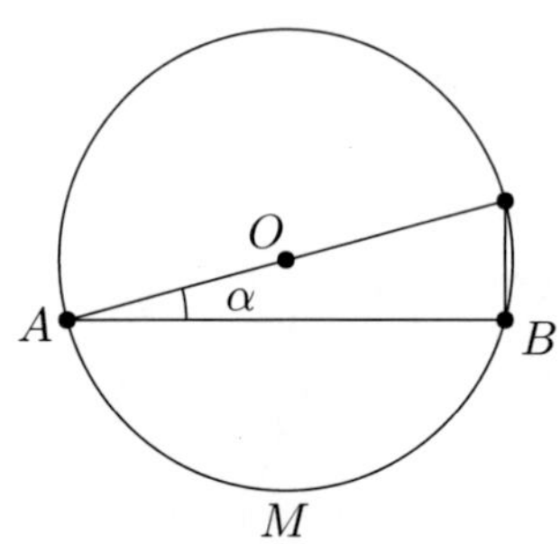


Figura 22.1

(A) 25° (B) 30° (C) 40° (D) 45° (E) 50°

10) Na figura 22.2 abaixo, os segmentos $\overline{BC}$ e $\overline{DE}$ são paralelos, $AB = 15$ cm, $AD = 5$ m e $AE = 6$ m. A medida do segmento $\overline{CE}$ é, em metros:

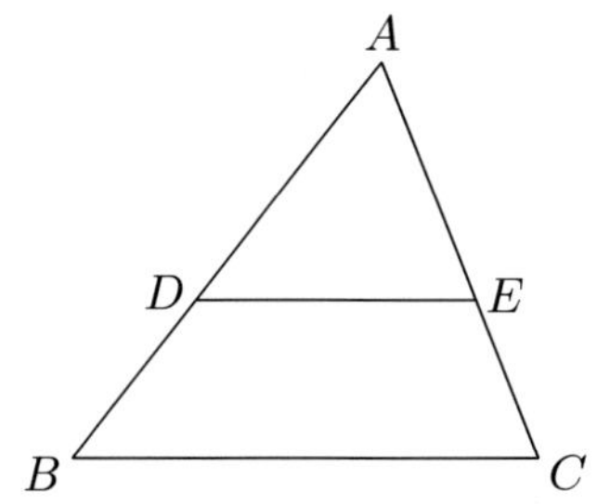


Figura 22.2

(A) 5 (B) 6 (C) 10 (D) 12 (E) 18

# Capítulo 23

# Prova 1997/1998

1) Na venda de um objeto que custou R\$ $240,00$. obtive um lucro de $25\%$ sobre o preço de venda. O objeto foi vendido por.
(A) R\$ $440,00$
(B) R\$ $400,00$
(C) R\$ $360,00$
(D) R\$ $320,00$
(E) R\$ $500,00$

2) Se $3a9b$ é divisível ao mesmo tempo por 2 e $5$, então $b$ é igual a:
(A) $-2$ (B) $-1$ (C) $2$ (D) $1$ (E) $0$

3) O valor de $(4^{-1} - 3^{-1})^{-1}$ é igual a:
(A) $-12$ (B) $-1$ (C) $\frac{1}{12}$ (D) $1$ (E) $12$

4) Sendo $U = \mathbb{N}$, o Conjunto Verdade da inequação $8 - 3x > 2$ é:
(A) $V = \emptyset$
(B) $V = \{0, 1, 2\}$
(C) $V = \{0, 1\}$
(D) $V = \{\ldots - 1, 0, 1, 2\}$
(E) $V = \{1, 2\}$

5) Sendo $x_1$ e $x_2$ as raízes da equação $(x-3)^2+(x-1)(x-3) = 0$, admitindo-se $U = \mathbb{R}$, então $x_1 + x_2$ é:
(A) 5 (B) 6 (C) 10 (D) 12 (E) 2

6) O maior número inteiro que satisfaz a inequação $\frac{x}{4} - \frac{x}{3} > \frac{1}{12}$ sendo $U = \mathbb{R}$ é:

(A) 1 (B) $-2$ (C) 0 (D) $-1$ (E) 2

7) A soma de dois números naturais consecutivos é 11. O produto desses números é:

(A) 13 (B) 22 (C) 30 (D) 9 (E) 28

8) O perímetro de um quadrado inscrito em uma circunferência de $10\sqrt{2}\pi$ cm de comprimento é:

(A) 5 cm (B) 40 cm (C) 15 cm (D) 20 cm (E) 25 cm

9) Sabendo-se que o raio do semicírculo de centro $O$ que contém os pontos $A$ e $B$ é $\frac{1}{\pi}$ cm, então a área do semicírculo de diâmetro $\overline{OB}$ é (figura 23.1):

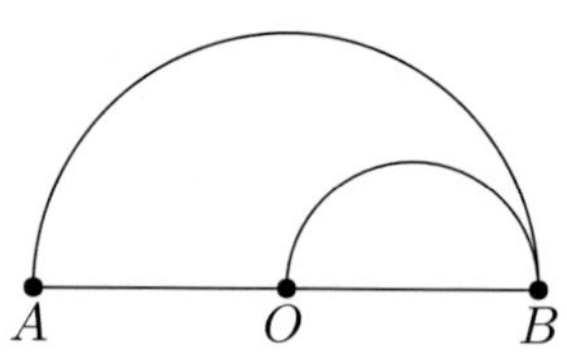


Figura 23.1

(A) $\frac{1}{\pi}$ cm$^2$ (B) $\frac{1}{2\pi}$ cm$^2$ (C) $\frac{1}{4\pi}$ cm$^2$ (D) $\frac{1}{6\pi}$ cm$^2$ (E) $\frac{1}{8\pi}$ cm$^2$

10) Dois ângulos adjacentes $a$ e $b$, medem respectivamente, $\frac{1}{5}$ do seu complemento e $\frac{1}{9}$ do seu suplemento. Assim sendo, a medida do ângulo formado por suas bissetrizes é:

(A) $80° \, 30'$ (B) $74° \, 30'$ (C) $35° \, 30'$ (D) $24° \, 30'$ (E) $16° \, 30'$

# Capítulo 24

# Prova 1998/1999

1) Uma das raízes da equação $3x^2 - px - q = 0$, na qual $x$ é a variável, é o elemento $-1$. O valor de $p - q$ é:
(A) $-1$ (B) $0$ (C) $-3$ (D) $3$ (E) $1$

2) Repartindo $420$ em três partes que são diretamente proporcionais aos números 3, 7 e 4, respectivamente, encontramos:
(A) 90, 210 e 120
(B) 90, 300 e 30
(C) 60, 240 e 120
(D) 60, 220 e 140
(E) 90, 200 e 130

3)Quando o açúcar custava R\$ $1,20$ o quilo, seu preço representava $40\%$ do preço de um quilo de café. Assim sendo o quilo do café, nesta época, custava:
(A) R\$ $3,50$ (B) R\$ $3,40$ (C) R\$ $3,30$ (D) R\$ $3,20$ (E) R\$ $3,00$

4) Os comprimentos de dois postes estão entre si assim como $3$ está para $5$. Sabendo-se que o menor deles mede 6 metros, então o maior mede:
(A) 12 m (B) 18 m (C) 10 m (D) 15 m (E) 20 m

5) A razão entre as idades de um pai e seu filho é $\frac{5}{2}$. Se o pai tinha 21 anos quando o filho nasceu, a idade do filho é:
(A) 14 anos (B) 16 anos (C) 24 anos (D) 28 anos (E) 35 anos

6) Somando-se 15 a um certo número, obtemos $\frac{12}{7}$ desse número. Esse nú-

mero é:
(A) 14
(B) 21
(C) 20
(D) 28
(E) 34

7) O menor número que se deve subtrair de $21316$ para se obter um número que seja simultaneamente divisível por $5$ e por $9$ é:

(A) 29 (B) 31 (C) 33 (D) 36 (E) 37

8) Uma escada medindo $4$ m tem uma de suas extremidades apoiada no topo de um muro, e a outra extremidade dista $2,4$ m da base do muro. A altura desse muro é:
(A) $2,3$ m
(B) $3,0$ m
(C) $3,2$ m
(D) $3,4$ m
(E) $3,8$

9) Duas cordas interceptam-se no interior de uma circulante, conforme a figura 24.1 abaixo, O valor de $x$ vale:

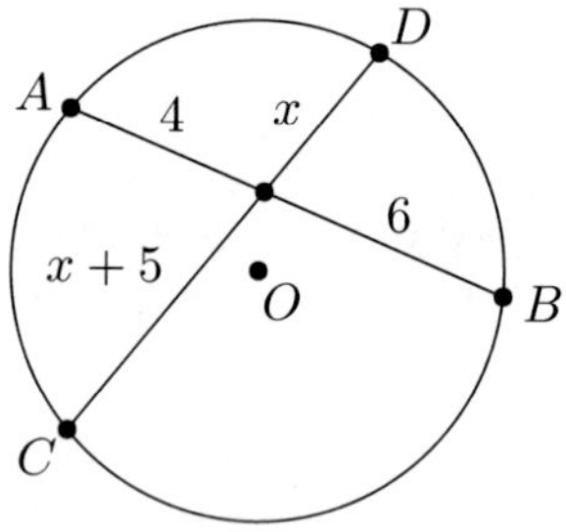


Figura 24.1

(A) 3 (B) $3,5$ (C) 4 (D) $4,5$ (E) 5

10) O valor de $a$, no triângulo da figura 24.2 abaixo é:

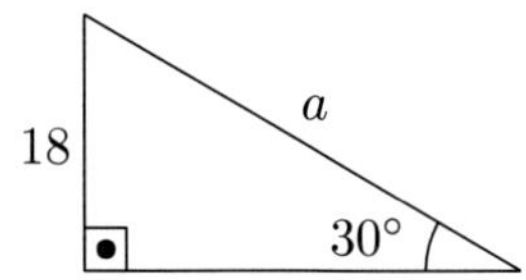


Figura 24.2

(A) 36 (B) 32 (C) 30 (D) 34 (E) 38

# Capítulo 25

# Prova 1999/2000

1) Três rolos de fio medem, respectivamente, 24 m, 84 m, 90 m, Eles foram cortados em pedaços iguais e do maior tamanho possível. Então, o comprimento de cada pedaço é:

(A) 8 m (B) 3 m (C) 6 m (D) 2 m (E) 4 m

2) Num exame de vestibular, a razão entre o número de vagas e o número de candidatos é de 3 para 8. Sabendo que há 15.600 candidatos inscritos, o número de vagas é:

(A) 1.950 (B) 1.975 (C) 5.850 (D) 1.900 (E) 5.700

3) No sistema $\begin{cases} 3x - 5y = -6 \\ 2x - 3y = -2 \end{cases}$ tem-se que:

(A) $x = 2y$ (B) $y = 3x$ (C) $x = y$ (D) $x = \frac{2}{3}y$ (E) $y = \frac{3}{4}$

4) A seleção brasileira marcou 15 gols na Copa do Mundo, 12 dos quais foram feitos pelo Capitão do time. A porcentagem de gols marcados pelo capitão do time é:

(A) 60% (B) 70% (C) 80% (D) 15% (E) 12%

5) Efetuando as operações indicadas na expressão $\frac{a+1}{a-1} - \frac{a-1}{a+1} - \frac{4a}{a^2-1}$, com $a \neq 1$ e $a \neq -1$, obtemos;

(A) $-1$ (B) zero (C) 2 (D) $-2a$ (E) $a + 1$

6) O valor da expressão $x = 25 \cdot 10^3 \cdot 8 \cdot 10^{-7}$ é:

(A) $20 \cdot 10^{-3}$ (B) $20 \cdot 10^{-4}$ (C) $2 \cdot 10^{-3}$ (D) $2 \cdot 10^{-2}$ (E) $20 \cdot 10^{-2}$

7) Sabendo que as raízes da equação $(m - 2)x^2 + 2(2m - 3)x + 1 = 0$, com o $m \neq 2$, são opostas. O valor de $m$ é:

(A) $\frac{3}{2}$ (B) $\frac{2}{3}$ (C) $\frac{5}{2}$ (D) 0 (E) 1

8) Um tanque de água de 4 m de comprimento, 3 m de largura e 2 m de profundidade está cheio de sua capacidade. Então quantos metros cúbicos ainda cabem de água:

(A) 22 $m^3$ (B) 40 $m^3$ (C) 16 $m^3$ (D) 8 $m^3$ (E) 24 $m^3$

9) Na figura 25.1 abaixo, há dois quadrados. A área do quadrado maior mede 36 $m^2$, sabendo-se que $\overline{AB} = 4$ m, então, a área da região sombreada mede:

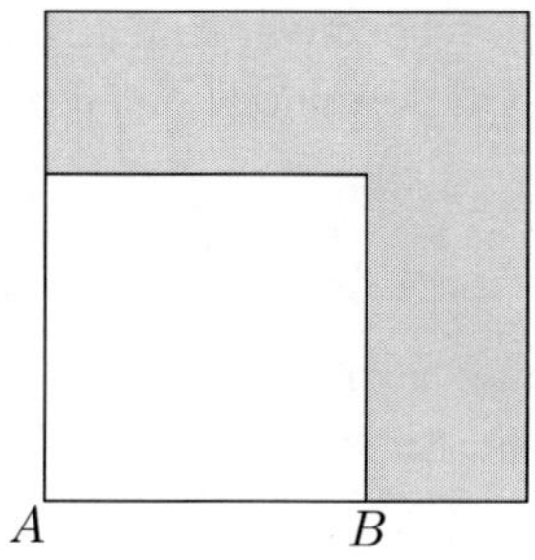


Figura 25.1

(A) 16 $m^2$ (B) 20 $m^2$ (C) 4 $m^2$ (D) 32 $m^2$ (E) 18 $m^2$

10) O quadrilátero $OABC$ é um quadrado. O raio da circunferência de centro $O$ é $2\sqrt{2}$ cm.

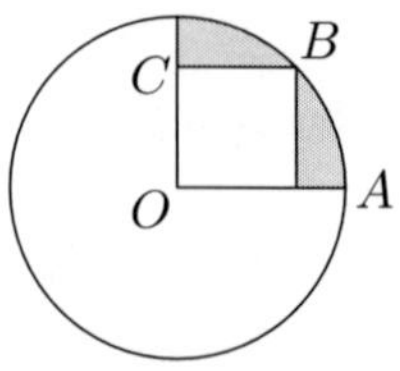


Figura 25.2

A área da região colorida (hachurada) na figura 25.2 é:
(A) $(\pi - 2)$ cm$^2$
(B) $2(\pi - 2)$ cm$^2$
(C) $(2\pi - 2)$ cm$^2$
(D) $(\pi - 4)$ cm$^2$
(E) $2(2\pi - 1)$ cm$^2$

# Capítulo 26

# Prova 2000/2001

1) A transformação de $9^\circ$ em segundos é:

(A) $540''$ (B) $22400''$ (C) $32400''$ (D) $3600''$ (E) $100''$

2) Determine o número cuja soma de sua metade, seu triplo e sua quinta parte com 26 é igual ao quíntuplo do próprio número:

(A) 10 (B) 20 (C) 30 (D) 40 (E) 50

3) Uma indústria importou vinho estrangeiro em 20 barris de 160 litros cada. Calcule o número necessário de garrafas com capacidade de 800 $\text{cm}^3$ para colocar todo o vinho importado:

(A) 1000 (B) 2000 (C) 3000 (D) 4000 (E) 5000

4) Assinale a alternativa que apresenta uma equação equivalente a $x + 4 = 6$:

(A) $5x = 10$

(B) $x + 6 = 3$

(C) $x = 1$

(D) $2x = 3$

(E) $8x + 12 = 24$

5) Simplificando $2\sqrt{8} - 4\sqrt{18} + \sqrt{32}$, obtemos:

(A) $+\sqrt{2}$ (B) $-\sqrt{8}$ (C) $+\sqrt{8}$ (D) $-4\sqrt{2}$ (E) $-2\sqrt{8}$

6) Calcule o valor da expressão $2x^3 + y^2 + 4$, sendo $x = 2$ e $y = -3$:

(A) 09 (B) 19 (C) 29 (D) 39 (E) 49

7) Calcule o valor numérico de $(a \cdot b - b + 1) \cdot (a \cdot b + a - 1)$, para $a = 4$ e $b = -2$

(A) +05 (B) +104 (C) +15 (D) +20 (E) +25

8) Se $\overline{AB} = 30$ e $P$ divide internamente o segmento $\overline{AB}$ na razão $\frac{2}{3}$ conforme a figura 26.1, calcule as medidas do segmento $\overline{PA}$ e $\overline{PB}$:

Figura 26.1

(A) $PA = 12$ e $PB = 18$
(B) $PA = 02$ e $PB = 08$
(C) $PA = 10$ e $PB = 28$
(D) $PA = 27$ e $PB = 34$
(E) $PA = 18$ e $PB = 30$

9) Duas retas paralelas, cortadas por uma transversal, determinam dois ângulos alternos externos cujas medidas são $a = 2x + 57°$ e $b = 5x + 12°$. Calcule, em graus, as medidas de $a$ e $b$:
(A) $a = 70°$ e $b = 70°$
(B) $a = 60°$ e $b = 60°$
(C] $a = 78°$ e $b = 78°$
(D) $a = 87°$ e $b = 87°$
(E) $a = 93°$ e $b = 93°$

10) Num triângulo retângulo os ângulos agudos são $a = 2x - 5°$ e $b = 3x - 10°$. Determine $a$, $b$:
(A) $a = 37°$ e $b = 53°$
(B) $a = 47°$ e $b = 43°$
(C) $a = 57°$ e $b = 33°$
(D) $a = 27°$ e $b = 63°$
(E) $a = 17°$ e $b = 73°$

# Capítulo 27

# Prova 2001/2002

1) Determine a medida do raio da circunferência inscrita num triângulo retângulo cujos catetos medem 3 cm e 4 cm e assinale a resposta correta:
(A) $r = 2$ (B) $r = \sqrt{2}$ (C) $r = 1,56$ (D) $r = 1$ (E) $r = 2\sqrt{2}$

2) Observe a figura 27.1 abaixo: A reta $r$ é paralela à reta $s$, então o valor

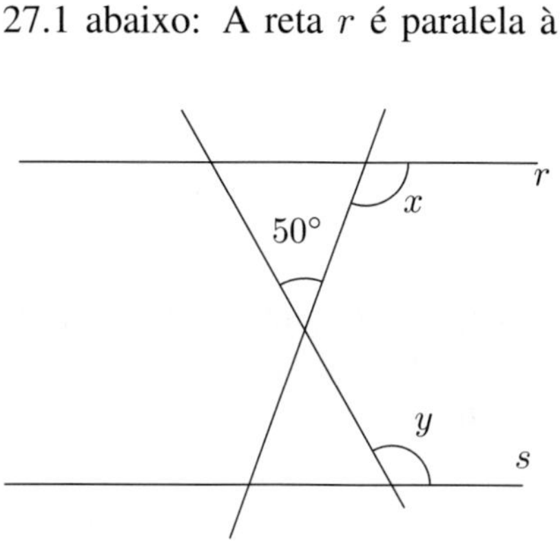


Figura 27.1

de $x + y$ é:
(A) 180° (B) 230° (C) 250° (D) 280° (E) 300°

3) Sabendo que as medidas das diagonais de um losango correspondem às raízes da equação $x^2 - 13x + 40 = 0$, podemos afirmar que a área desse losango é:
(A) 50 (B) 40 (C) 30 (D) 20 (E) 15

4) A soma dos inversos das raízes da equação $12x^2 + x - 6 = 0$ é igual a:
(A) $\frac{1}{6}$ (B) $-\frac{1}{2}$ (C) $-\frac{1}{6}$ (D) $-\frac{1}{12}$ (E) $-12$

5) Um elevador pode carregar, no máximo 450 kg. Devem ser transportadas 50 pessoas de 70 kg. Qual o número mínimo de viagens?
(A) 8 (B) 9 (C) 10 (D) 11 (E) 12

6) Um trapézio $ABCD$ é retângulo em $A$ e $D$ e suas diagonais $\overline{AC}$ e $\overline{BD}$ são perpendiculares. Sabendo que suas bases $\overline{AB}$ e $\overline{CD}$ medem 1 cm e 9 cm, respectivamente, calcule a medida (em cm) do lado.
(A) $\sqrt{10}$ (B) $2\sqrt{2}$ (C) 3 (D) 9 (E) 10

7) Em uma creche são consumidos 15 litros de leite por dia. O leite chega à creche em caixas de $\frac{1}{3}$ de litro. Sabe-se que todas as crianças da creche tomam leite; 17 delas tomam 2 caixas por dia e as demais, uma caixa por dia. Sendo assim, temos que o número de crianças dessa creche é um número:
(A) primo
(B) divisível por 3
(C) divisível por 5
(D) múltiplo de 7
(E) com 4 divisores

8) O tempo que se gasta para ir de uma cidade $A$ para uma cidade $B$, com uma velocidade média de 90 km/h é de 2 horas a menos do que o tempo que se gasta a uma velocidade média de 75 km/h. A distância entre as cidades $A$ e $B$ é de:
(A) 900 km (B) 600 km (C) 300 km (D) 100 km (E) 30 km

9) A forma fatorada de um número natural $x$ é $2^3 \cdot 3 \cdot 5^2$ e a forma fatorada de um número natural $y$ é $2^4 \cdot 3^2 \cdot 5 \cdot 7$. Então, podemos afirmar que o MDC de $(x, y)$ é:
(A) 102 (B) 120 (C) 840 (D) 3600 (E) 5880

10) O polígono cujo número de diagonais excede de 42 o número de lados é o:
(A) hexágono

(B) octógono
(C) eneágono
(D) decágono
(E) dodecágono

# Capítulo 28

# Prova 2002/2003

1) Para armar um circo, 50 homens levam 2 dias, trabalhando 9 horas por dia. Com a dispensa de 20 homens, em quantos dias o circo será armado, trabalhando-se 10 horas por dia?
(A) 7 dias (B) 6 dias (C) 5 dias (D) 4 dias (E) 3 dias

2) Seja $ABCDE\ldots$ um polígono regular convexo onde as mediatrizes dos lados $\overline{AB}$ e $\overline{CD}$ formam um ângulo de $30°$. Sendo assim, temos que o número de diagonais desse polígono é igual a:
(A) 252 (B) 251 (C) 250 (D) 249 (E) 248

3) A expressão algébrica $X^2 - Y^2 - Z^2 + 2YZ + X + Y - Z$ admite como fator:
(A) $-X + Y + Z + 1$
(B) $X - Y - Z + 1$
(C) $X + Y - Z + 1$
(D) $X - Y + Z + 1$
(E) $X + Y + Z + 1$

4) Dos 800 sargentos formados pela EsSA a cada ano, $5\%$ pedem para sair do Exército ao completarem 5 anos de serviço. Então, a quantidade de sargentos formados pela EsSA após 12 anos e que ainda estão em atividade é:
(A) 9600 (B) 9460 (C) 9280 (D) 9120 (E) 8800

5) Considere os pontos colineares $A$, $B$, $O$ e $C$ na ordem $OABC$. Se $OA = 3$ cm, $OB = 5$ cm e $4AB + AC - 2BC = 6$ cm, então a distância, em cm, entre

os pontos $O$ e $C$ é igual a:

(A) 5 (B) 6 (C) 7 (D) 8 (E) 9

6) Duas pessoas, fazendo seus exercícios diários, partem de um mesmo ponto e contornam, andando, uma pista oval. Uma dessas pessoas anda de forma mais acelerada e dá uma volta completa na pista em 12 minutos, enquanto a outra leva 20 minutos para completar a volta. Depois de quanto tempo essas duas pessoas voltarão a se encontrar no ponto de partida?

(A) 40 minutos
(B) 50 minutos
(C) 60 minutos
(D) 70 minutos
(E) 90 minutos

7) A potência $(20, 12121212\ldots)^{990}$ tem quantos divisores naturais?

(A) 12 (B) 13 (C) 120 (D) 121 (E) 991

8) Numa circunferência, uma corda de 60 cm tem uma flecha de 10 cm. O diâmetro da circunferência mede:

(A) 50 cm (B) 100 cm (C) 120 cm (D) 180 cm (E) 200 cm

9) A soma dos inversos das raízes da equação $x^2 - 36x + 180 = 0$ é:

(A) $\frac{1}{5}$ (B) $\frac{1}{6}$ (C) $\frac{1}{30}$ (D) $\frac{1}{36}$ (E) $\frac{2}{15}$

10) Um grupo de 18 homens pretendem construir um muro em 15 dias. Ao final de 10 dias perceberam que só haviam realizado $\frac{2}{5}$ da obra. Se o grupo for reforçado com mais 12 homens, quanto tempo a mais, que o pretendido, levarão para concluir a obra?

(A) 2 (B) 4 (C) 7 (D) 9 (E) 10

# Capítulo 29

# Prova 2003/2004

1) Dividindo $2^{100}$ por meio, encontra-se:
a) $2^{50}$ b) $1^{100}$ c) $2^{99}$ d) $2^{101}$ e) $4^{100}$

2) Numa fábrica, trabalhadores reuniram-se para presentear um amigo que iria se casar. O presente escolhido foi a quantia de R\$ $900,00$, que seria dividida igualmente entre eles. Por razões particulares, dois daqueles trabalhadores retiraram seus nomes da lista e, por isso, decidiu-se diminuir a quantia para R\$ $888,00$, de modo que na nova divisão coubesse a cada participante a mesma cota de antes da saída dos dois colegas. Com isso, coube a cada um dos participantes a quantia de:
a) R\$ $4,00$ b) R\$ $6,00$ c) R\$ $9,00$ d) R\$ $10,00$ e) R\$ $12,00$

3) José se deslocou entre as cidades $A$ e $B$ três vezes pelo mesmo caminho, utilizando, em cada uma das vezes, um meio de transporte diferente. Na primeira vez foi de carro, com uma velocidade média de $60$ km/h. Na segunda vez foi de bicicleta, com velocidade média de $30$ km/h, e na terceira vez foi de moto, com velocidade média de $40$ km/h. Sabendo que a soma dos tempos gastos nos três deslocamentos foi igual a $45$ horas, o tempo gasto em cada um dos deslocamentos foi respectivamente.
a) $11$ h: $22$ h e $12$ h
b) $12,5$ h: $25$ h e $7,5$ h
c) $10$ h: $20$ h e $15$ h
d) $12$ h: $24$ h e $9$ h
e) $10,5$ h: $21$ h e $13,5$ h

4) Um festival de música lotou uma praça semicircular de 200 m de diâmetro. Admitindo-se uma ocupação média de 3 (três) pessoas por m$^2$, qual é o número mais aproximado de pessoas presentes? (adote $\pi = 3,14$)
a) $22340$ b) $33330$ c) $42340$ d) $16880$ e) $47100$

5) A partir de ponto exterior a uma circunferência, é traçado um segmento secante de 32 cm, que determina, nesta circunferência, uma corda de 30 cm. Quanto mede, em centímetros, o segmento tangente traçado do mesmo ponto?
a) $\sqrt{15}$ b) $4\sqrt{15}$ c) $8$ d) $8\sqrt{15}$ e) $4$

6) Sendo $x = 19$ e $y = 81$, então a expressão $(x + y)^2 + x^2 - y^2 + 2x$ é divisível por:
a) 2, 19 e 81
b) 2, 19 e 101
c) 2, 81 e 100
d) 19, 100 e 101
e) 81, 100 e 101

7) O m.m.c. dos polinômios $x^2 + x^2y + x^3 + 2x^2y + xy^2$ e $y^3 + xy^2$ é:
a) $x^6y^2 + 2x^3y + xy^2$
b) $xy^2 + 2x^2y^3 + x^2y^3$
c) $x^4y^2 + 2x^3y^3 + x^2y^4$
d) $x^6y^2 + 2x^3y^3 + xy^4$
e) $x^2y^3 + 2xy^3 + x^2y^2$

8) A soma dos lados de um triângulo $ABC$ é 140 cm. A bissetriz interna do ângulo $\widehat{A}$ divide o segmento oposto $\overline{BC}$ em dois outros segmentos: 20 cm e 36 cm. As medidas dos lados $\overline{AB}$ e $\overline{AC}$ são, respectivamente:
a) 42 cm e 42 cm
b) 60 cm e 24 cm
c) 34 cm e 50 cm
d) 32 cm e 52 cm
e) 30 cm e 54 cm

9) Considerando um sistema de duas equações com duas incógnitas, assinale a alternativa correta.
a) Se as equações são representadas por uma mesma reta, então o sistema é determinado.

b) Se as equações são representadas por retas paralelas, então o sistema é indeterminado.
c) Se as equações são representadas por retas concorrentes, então o sistema é indeterminado.
d) Se as equações são representadas por retas coincidentes, então o sistema é indeterminado.
e) Se as equações são representadas por retas concorrentes, então o sistema é impossível.

10) Um triângulo $ABC$ tem área igual a 75 cm$^2$. Os pontos $D$, $E$, $F$ e $G$ dividem o lado $\overline{AC}$ em 5 partes congruentes: $AD = DE = EF = FG = GC$. Desse modo, a área do triângulo $BDF$ é:
a) 20 cm$^2$
b) 30 cm$^2$
c) 40 cm$^2$
d) 50 cm$^2$
e) 55 cm$^2$

# Capítulo 30

# Prova 2003/2004 – 2ª Fase

01) Três amigos, Pagliarin, Rech e Pires, mantêm uma conta bancária conjunta cujo saldo é R\$ $27.000,00$. A parte do Pagliarin equivale ao dobro da parte do Rech, e equivale também à terça parte do que tem Pires. Logo, Pagliarin tem exatamente:

02) O Sargento Gasparim recebeu a missão de deslocar um grupamento por um trajeto entre as cidades de Uruguaiana/RS e Alegrete/RS. Após percorrer 30 km, parou num ponto de apoio e recebeu a informação do Sargento Fernando de que havia percorrido $\frac{1}{4}$ do percurso total. De posse dessa informação, o Sargento Gasparim concluiu que, para completar o trajeto, ainda falta percorrer:

03) Simplificando a expressão $\frac{(x-a)^2(x+a)^2}{(x^2-a^2)^2}$, e sendo $x \neq \pm a$, tem-se:

04) Um matemático de nome Crestani assistia a uma corrida de automóveis pela televisão, quando seu filho Borges lhe perguntou: "E aí, pai... Como vai indo o Rubinho?" O matemático respondeu: "Filho, $\frac{1}{8}$ dos corredores está à frente de Rubinho, e $\frac{5}{6}$, à sua retaguarda." pelos cálculos do matemático, a classificação atual de Rubinho é:

# Capítulo 31

# Prova 2004/2005

1) Uma certa Federação Estadual de Futebol resolveu fazer promoção para levar as famílias aos estádios em dias de jogos do campeonato estadual. Dessa maneira, um adulto sozinho paga R\$ $20,00$ pelo ingresso individual e um casal paga R\$ $30,00$ pelo ingresso familiar, com direito a levar uma criança. No jogo entre $A$ e $B$ compareceram $4700$ pessoas e foram vendidos $1100$ ingressos familiares, obtendo-se uma renda de R\$ $73.000,00$. Nesse jogo, alguns casais não levaram crianças e não houve criança que pagou ingresso de adulto. Pode-se afirmar que o total de crianças que assistiram ao jogo é:

(A) 600 (B) 700 (C) 500 (D) 2000 (E) 1100

2) O número natural $x$, decomposto em fatores primos se escreve na forma $2^3 \cdot 3^m \cdot 5$. Sabendo-se que $x$ tem $32$ divisores naturais, podemos afirmar que o número de algarismos de sua representação decimal é:

(A) 3 (B) 5 (C) 7 (D) 4 (E) 6

3) O único valor de $x$ que verifica a equação, na incógnita $x$, $(x-2)^2 + (x+1)\cdot(x-1) = 2(x+5)^2 - 167$, é divisor de:

(A) 12 (B) 33 (C) 75 (D) 54 (E) 97

4) Uma empresa de transporte estabelece, por viagem, o preço individual da passagem $(p)$ em função da quantidade $(q)$ de passageiros, através da relação $p = -0,2q + 100$, com $0 < q < 500$. Nestas condições, para que a quantia arrecadada pela empresa, em cada viagem, seja máxima, o preço da passagem deve ser, em reais, igual a:

(A) 45 (B) 35 (C) 40 (D) 50 (E) 55

5) Num barril há 12 litros de vinho e 18 litros de água. Num 2º barril há 9 litros de vinho e 3 litros de água. Sabe-se que todas as misturas são homogêneas. As quantidades, em litros, que devemos retirar, respectivamente, dos 1º e 2º barris, para que juntas perfaçam 14 litros, sendo 7 de água e 7 de vinho, são:

(A) 10 e 4 (B) 7 e 7 (C) 9 e 5 (D) 5 e 9 (E) 8 e 6

6) Quantos algarismos são necessários para escrever o produto $(16)^{13,25} \cdot (25)^{25}$?

(A) 54 (B) 53 (C) 52 (D) 50 (E) 51

7) O valor do produto $(5\%)^2 \cdot (10\%)^2$ é:

(A) $0,000025\%$ (B) $0,25\%$ (C) $2500\%$ (D) $0,0025\%$ (E) $1\%$

8) O ângulo convexo formado pelos ponteiros de um relógio às 14 h 25 min é igual a:

(A) $86° 30'$ (B) $46° 30'$ (C) $89° 60'$ (D) $77° 30'$ (E) $12° 30'$

9) O tempo necessário para que um capital, aplicado em juros simples à taxa de $20\%$ a.a., triplique de valor é, em anos:

(A) 20 (B) 5 (C) 25 (D) 15 (E) 10

10) Um dos modos de se escrever a soma $x^2 + 9xy + 8y^2$ é através do produto $(ax + by)(ax + cy)$; $a$, $b$ e $c \in \mathbb{R}_+^*$. Neste caso, podemos afirmar que $a + b + c$ é igual a:

A) 4 (B) 8 (C) 12 (D) 6 (E) 10

11) Dividindo-se o número $x$ por 5 obtém-se resto 2. Dividindo-se o número $y$ por 5, obtém-se resto 4. O menor número inteiro, não negativo que se deve somar a $x^5 \cdot y^5$, para se obter um múltiplo de 5 é:

(A) 0 (B) 1 (C) 3 (D) 2 (E) 4

12) Os lados de um triângulo medem, em centímetros, $2\sqrt{2}$, $\sqrt{6}$ e $\sqrt{14}$. Podemos afirmar que a área desse triângulo, em $cm^2$, é igual a metade de:

(A) $\sqrt{7}$ (B) $4\sqrt{3}$ (C) $2\sqrt{7}$ (D) $4\sqrt{2}$ (E) $2\sqrt{3}$

13) A soma dos inversos das raízes da equação do segundo grau, em $x$, $(m +$

$1)x^2 - 2mx + (m-1) = 0, m \neq -1$ é igual a 3. Assim, o valor de $m^2$ é igual a:

(A) 9 (B) 0 (C) 16 (D) 1 (E) 4

14) O triângulo $ABC$, retângulo em $\widehat{A}$, é tal que $A\widehat{B}C > A\widehat{C}B$. A bissetriz interna de $\widehat{A}$ intercepta o lado $BC$ em $D$. Seja $HD \perp BC$ ($H$ entre $A$ e $C$). Nestas condições podemos afirmar que o ângulo $H\widehat{B}D$ mede, em graus:

(A) 65 (B) 55 (C) 35 (D) 25 (E) 45

# Capítulo 32

# Prova 2005/2006

1) Simplificando:

$$\left[\frac{(a+2)^2(a^2-2a+4)^2}{a^6-16a^3+64}\right]^2 \times \left[\frac{(a-2)^2(a^2+2a+4)^2}{a^6+16a^3+64}\right]^2$$

Encontramos:
(A) $\frac{a}{a-2}$ (B) $a+2$ (C) $\frac{a}{a+2}$ (D) $1$ (E) $a-2$

2) A quantidade de números entre $4095^2$ e $4096^2$ que não são quadrados perfeitos é:
(A) $4094$ (B) $4096$ (C) $4095$ (D) $8191$ (E) $8190$

3) Estando afastado $6$ metros de um muro de $3$ metros de altura, um menino chuta uma bola que cai exatamente sobre o citado muro, após percorrer a trajetória descrita pela equação $y = ax^2 + (1-4a)x$, em relação ao sistema de coordenadas usual. Nestas condições, a altura máxima atingida pela bola é:
a) $10$ b) $4$ c) $8$ d) $12$ e) $6$

4) A área do círculo inscrito em um triângulo retângulo de lados $9$, $12$ e $15$ é:
a) $9\pi$ b) $4\pi$ c) $\pi$ d) $16\pi$ e) $25\pi$

5) No triângulo $ABC$ da figura 32.1, se $M$ e $N$ são os pontos médios e a área do triângulo $DMC$ é 1 dm$^2$, então a área em dm$^2$ do triângulo $ABD$ é:

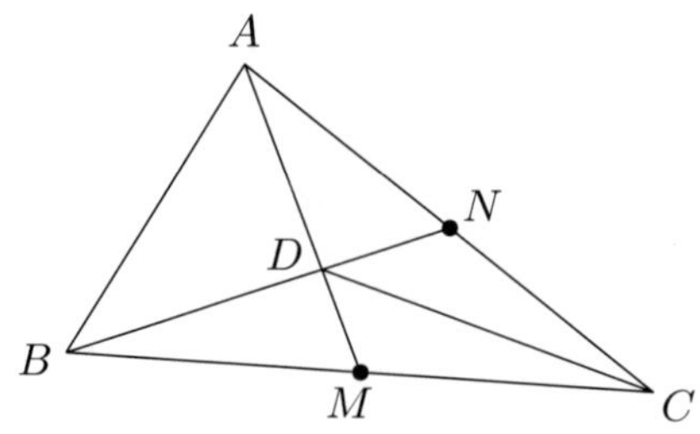


Figura 32.1

a) $2,5$ b) $1,5$ c) $3$ d) $2$ e) $1,9$

6) Dividiu-se uma herança de R\$ $62.000,00$ entre dois herdeiros de $7$ e $13$ anos, sendo as quantias depositadas em um banco a juros simples de $5\%$ ao ano, de tal modo que ao completarem $21$ anos tenham quantidades iguais. A parte da herança, em reais, que deve ser deixada ao mais moço é:

a) $34.000$ b) $29.000$ c) $31.000$ d) $28.000$ e) $30.000$

7) Chama-se passo a distância entre sulcos consecutivos de um parafuso. Ao dar-se uma volta completa ($\alpha = 360°$) em uma chave que o aperta, o parafuso penetra $1$ passo no corpo onde está preso. Na situação da figura 32.2, para apertar completamente o parafuso até que sua cabeça encoste na superfície $s$, deve-se girar o parafuso, em graus,

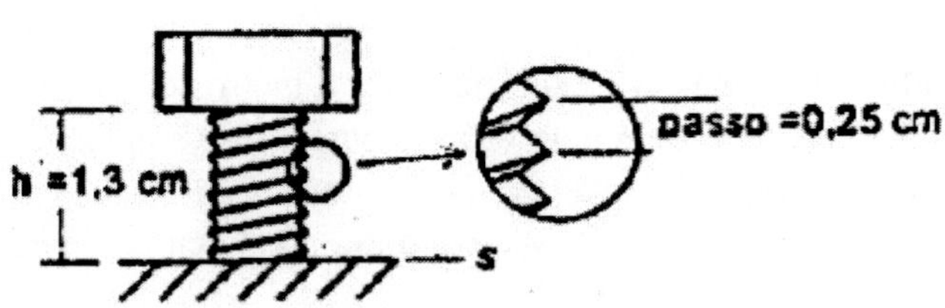


Figura 32.2

a) $468°$ b) $1872°$ c) $1440°$ d) $117°$ e) $1989°$

8) No ano $A$, as idades de um sargento e seu irmão eram, numericamente as raízes da equação do segundo grau dada por $m_1x^2 + m_2x + 105 = 0$. A diferença entre suas idades é 6 anos e, nesse mesmo ano $A$, o produto das idades

desses irmãos era 315. Assim, podemos afirmar que o produto $m_1 m_2$ é:

a) 3 b) $-12$ c) $-4$ d) $\frac{1}{3}$ e) $-\frac{1}{4}$

9) Considere duas circunferências de raios iguais a 2 tal que, sobrepostas, cada uma passa pelo centro da outra. A área da região comum a ambas é:

a) $\frac{8}{3}\pi + 2\sqrt{3}$
b) $4\pi - \sqrt{3}$
c) $\frac{8}{3}\pi - 2\sqrt{3}$
d) $4\pi - 2\sqrt{3}$
e) $\frac{8}{3}\pi - \sqrt{3}$

10) O sargento Nilton recebeu a missão de distribuir 33 caixas de munição, com 100 cartuchos cada, para 46 soldados distribuídos em 3 grupamentos. No grupamento $A$ cada soldado deverá receber 100 cartuchos e nos grupamentos $B$ e $C$ 50 cartuchos cada um dos soldados. Mas, na hora da distribuição, os grupamentos trocaram de posição e o Sargento distribuiu 100 cartuchos para cada soldado do grupamento $C$ e 50 cartuchos para cada um dos grupamentos $B$ e $A$. Isso fez com que sobrassem 400 cartuchos. Percebendo o erro, o sargento refez a distribuição de modo correto e notou que não sobrou nenhum cartucho. Baseando-se nessa situação, pode-se afirmar que o número de soldados do grupamento $B$ é:

a) 14 b) 13 c) 10 d) 11 e) 12

# Capítulo 33

# Prova 2006/2007

1) Um trabalhador gasta $5$ horas para limpar um terreno circular de $8$ m de raio. Ele cobra R\$ $4,00$ por hora de trabalho. Para limpar um terreno circular de $24$ m de raio, o trabalhador cobrará, em reais:

a) $40$ b) $180$ c) $60$ d) $120$ e) $80$

2) Se $A$ e $B$ são conjuntos quaisquer, não vazios, podemos afirmar que a única opção falsa é:

a) $A - B = \emptyset \Rightarrow B \subset A$
b) $A \cap B = A \Rightarrow A \cup B = B$
c) $a \in A$ e $a \in B \Rightarrow a \in A \cap B$
d) $a \in A$ e $A \subset B \Rightarrow a \in B$
e) $a \in A \cup B \Rightarrow a \in A$ ou $a \in B$

3) As bases de um trapézio medem $19$ m e $9$ m e os lados não paralelos, $6$ m e $8$ m. A área deste trapézio, em dm$^2$, é:

a) $6072$ b) $6270$ c) $6027$ d) $6702$ e) $6720$

4) Um triângulo $ABC$ tem área de $60$ cm$^2$ e está inscrito em uma circunferência com $5$ cm de raio. Nestas condições, a área do triângulo equilátero que tem o mesmo perímetro que o triângulo $ABC$ é, em cm$^2$:

a) $20\sqrt{3}$ b) $15\sqrt{3}$ c) $12\sqrt{3}$ d) $16\sqrt{3}$ e) $5\sqrt{3}$

5) Três circunferências de raio $2r$, $3r$ e $10r$ são tais que cada uma delas tangencia exteriormente as outras duas. O triângulo cujos vértices são os centros dessas circunferências tem área de:

a) $36r^2$ b) $18r^2$ c) $10r^2$ d) $20r^2$ e) $30r^2$

6) A soma dos inversos das raízes da equação do 2º grau $x^2 - 2(\alpha + 1)x + (\alpha + 3) = 0$ é igual a 4. Se, nesta equação, $\alpha$ é constante, podemos afirmar que $\alpha^2$ é igual a:
a) 16 b) 1 c) 25 d) 9 e) 4

7) Em um triângulo $ABC$ tem-se $AB = 10$ cm e $AC = 12$ cm. O incentro $(I)$ e o baricentro $(G)$ estão em uma mesma paralela a $\overline{BC}$. A medida do lado $\overline{BC}$ é igual a:
a) 10 b) 5 c) 12 d) 6 e) 11

8) Seja $x^2 + (q - 3)x - q - 2 = 0$. O valor de $q$ que torna mínima a soma dos quadrados das raízes da equação é:
a) 4 b) $-2$ c) $-4$ d) 2 e) 0

9) 50 operários deveriam fazer uma obra em 60 dias. 15 dias após o início do serviço, são contratados mais 25 operários para ajudar na construção. Em quantos dias ficará pronto o restante da obra?
a) 30 b) 34 c) 36 d) 28 e) 32

10) O maior número pelo qual se deve dividir 243 e 391 para obter respectivamente os restos 3 e 7 é $x$. Pode-se afirmar que o algarismo das dezenas de $x$ é igual a:
a) 9 b) 8 c) 2 d) 6 e) 4

11) Se aumentarmos a medida do raio $r$ de um círculo em 15%, obteremos um outro círculo de raio $R$. O aumento da área em termos percentuais, foi de:
a) $32,25$ b) $32,52$ c) $3,252$ d) $3,225$ e) $3,522$

12) Uma indústria importa vinho estrangeiro em 20 barris de 160 litros cada e vai engarrafá-lo em recipientes que contêm $0,80$ dm$^3$ cada. A quantidade total de recipientes de vinho será:
a) 4.000 b) 16.000 c) 200 d) 256 e) 2560

# Capítulo 34

# Prova 2007/2008

1) A equação $x + (3x + 7)^{\frac{1}{2}} = 1$ possui uma raiz:
a) par
b) múltiplo de $5$
c) negativa
d) maior que $7$
e) irracional

2) Em uma determinada loja, uma televisão custa R\$ $750,00$ à vista. Se for paga em $5$ prestações mensais o valor da televisão passará a custar R\$ $900,00$. Nessas condições qual seria a taxa de juros simples mensal cobrada pela loja?
a) $8\%$ b) $4\%$ c) $6\%$ d) $7\%$ e) $5\%$

3) Se um polígono regular é tal que a medida de um ângulo interno é o triplo da medida do ângulo externo, o número de lados deste polígono é:
a) $12$ b) $9$ c) $6$ d) $4$ e) $8$

4) Um pedreiro verificou que para transportar $180$ tijolos usando um carrinho de mão, levando sempre a mesma quantidade de tijolos, precisaria dar $x$ viagens. Se ele levasse $3$ tijolos a menos em cada viagem, precisaria fazer mais duas viagens, A soma dos algarismos de $x$ é:
a) $2$ b) $10$ c) $9$ d) $1$ e) $11$

5) Aumentando-se os lados $a$ e $b$ de um retângulo de $1,5\%$ e $2,5\%$, respectivamente, a área do retângulo é aumentada, aproximadamente, em:
a) $3,8\%$ b) $4\%$ c) $38\%$ d) $35\%$ e) $3,5\%$

6) Em uma unidade do Exército, a soma do efetivo formado por soldados e cabos é 65. Em um determinado dia, 15 soldados não compareceram ao expediente. Em consequência dessas faltas o efetivo de cabos ficou igual ao de soldados presentes naquele dia. Qual o mínimo múltiplo comum entre o número total de cabos e soldados desta unidade militar?

a) 280 b) 260 c) 200 d) 240 e) 220

7) Seja um ponto $P$ pertencente a um dos lados de um ângulo de $60°$, distante $4,2$ cm do vértice. Qual a distância deste ponto à bissetriz do ângulo?

a) $2,2$ b) $2,1$ c) $2,0$ d) $2,3$ e) $2,4$

8) Sejam três conjuntos $A$, $B$ e $C$. Sabe-se que o número de elementos do conjunto $A$ é 23; o número de elementos de $(B \cap C)$ é 7 e o número de elementos de $(A \cap B \cap C)$ é 5. O número de elementos de $(A \cup B) \cap (A \cup C)$ é

a) 21 b) 25 c) 30 d) 23 e) 27

9) Considere um polígono regular $ABCDEF\ldots$. Sabe-se que as mediatrizes dos lados $AB$ e $CD$ formam um ângulo de $20°$ e sua região correspondente contém os vértices $B$ e $C$ do polígono. Assim sendo, quantas diagonais deste polígono passam pelo centro, dado que o seu número de vértices é maior que seis?

a) 17 b) 15 c) 16 d) 18 e) 14

10) Se decompusermos em fatores primos o produto dos números naturais de 1 a 200 e escrevermos os fatores comuns em um única base, o expoente do fator 5 será:

a) 46 b) 49 c) 48 d) 45 e) 47

11) ANULADA

12) ANULADA

# Capítulo 35

# Prova 2008/2009

1) Uma matriz $B$, de ordem $3$, é tal que, em cada linha, os elementos são termos consecutivos de uma progressão aritmética de razão $2$. Se as somas dos elementos da primeira, segunda e terceira linhas valem $5$, $3$ e $0$ respectivamente, o determinante de $B$ é igual a:

a) $1$ b) $0$ c) $-1$ d) $3$ e) $2$

2) Considere o triângulo de vértices $A(1,1)$, $B(2,3)$ e $C(5,2)$. A mediatriz do segmento $AB$, encontra o eixo das abscissas no ponto de coordenadas:

a) $(0, \frac{11}{2})$ b) $(-\frac{5}{2}, 0)$ c) $(\frac{1}{2}, 0)$ d) $(-\frac{11}{2}, 0)$ e) $(\frac{11}{2}, 0)$

3) Um cliente comprou um imóvel no valor de R\$ $80.000,00$, tendo pago como sinal R\$ $30.000,00$ no ato da compra. O restante deverá ser pago em $24$ prestações mensais iguais e consecutivas. Sabendo que a primeira prestação será paga em um mês após a compra e que o juro composto é de $10\%$ ao ano o valor total pago em reais pelo imóvel, incluindo o sinal, será de:

a) R\$ $90.500,00$

b) R\$ $95.500,50$

c) R\$ $92.500,00$

d) R\$ $90.000,00$

e) R\$ $85.725,30$

4) A soma dos dois primeiros números inteiros do domínio da função definida por $g(x) = \frac{1}{\sqrt{9^{2x-1} - 3^{-3x+4}}}$ é:

a) $3$ b) $1$ c) $-1$ d) $7$ e) $5$

5) Carlos é o caixa da bilheteria do cinema da cidade. Os ingressos custam R\$ $8,00$, sendo que algumas pessoas como estudantes, idosos e pessoas conveniadas ao cinema pagam metade do valor. Ontem Carlos esqueceu de marcar o valor que cada pessoa pagou, mas ele sabe que $120$ pessoas pegaram pela sessão e arrecadou um total de R\$ $760,00$. O número de pessoas que pegaram meia entrada foi:
a) $70$ b) $40$ c) $60$ d) $50$ e) $80$

6) ANULADA

7) ANULADA

8) A altura de um prisma hexagonal regular é de $5$ m. Sabe-se também que sua área lateral é o dobro da área de sua base. O volume desse prisma, em m$^3$ é:
a) $220\sqrt{3}$ b) $270\sqrt{3}$ c) $250\sqrt{3}$ d) $200\sqrt{3}$ e) $285\sqrt{3}$

9) Um triângulo $AEU$ está inscrito em uma circunferência de centro $O$, cujo raio possui a mesma medida do lado $\overline{EU}$. Determine a medida do ângulo $AEU$ em graus, sabendo que $\overline{AU}$ é o maior lado do triângulo e tem como medida o produto entre a medida do lado $\overline{EU}$ e $\sqrt{3}$.
a) 60° b) 120° c) 90° d) 150° e) 30°

10) Uma obra necessita de vigilantes para o turno da noite durante exatamente $36$ noites. Se para cada noite são necessários $2$ vigilantes, quantos devem ser contratados de modo que o mesmo par de vigilantes não se repita?
a) $16$ b) $8$ c) $18$ d) $14$ e) $9$

11) Em uma progressão aritmética (P.A.) de nove termos, a soma dos dois primeiros termos é igual a $20$ e a soma do sétimo e oitavo termos é $140$. A soma de todos os termos da P.A. é:
(A) $S_9 = 405$ (B) $S_9 = 435$ (C) $S_9 = 320$ (D) $S_9 = 395$ (E) $S_9 = 370$

12) O valor da expressão $\frac{X^3-1}{X^2-1}$, quando $X = i$ unidade imaginária é:
(A) $\frac{(i+1)}{2}$ (B) $i+1$ (C) $-(i-1)$ (D) $\frac{-(i-1)}{2}$ (E) $\frac{(i-1)}{2}$

# Capítulo 36

# Prova 2009/2010

1) Com os algarismos 1, 2, 3, 4, 5 e 6 sem repeti-los, podemos escrever $x$ números de 4 algarismos, maiores que 3200. O valor de $x$ é:

a) 210 b) 228 c) 240 d) 300 e) 320

2) A pirâmide de Quéops, em Gizé, no Egito, tem aproximadamente $90\sqrt{2}$ metros de altura, possui uma base quadrada e suas faces laterais são triângulos equiláteros. Nessas condições, pode-se afirmar que, em metros, cada uma de suas arestas mede:

a) 90 b) 120 c) 160 d) 180 e) 200

3) As equações $(x + 1)^2 + (y - 4)^2 = 64$ e $(x - 4)^2 + (y + 8)^2 = 25$ representam duas circunferências cuja posição relativa no plano permite afirmar que são:

a) interiores (sem ponto de intersecção).

b) tangentes interiores.

c) secantes.

d) tangentes exteriores.

e) exteriores (sem ponto de intersecção).

4) Uma loja de eletrodomésticos paga, pela aquisição de certo produto, o correspondente ao preço $x$ (em reais) de fabricação, mais 5% de imposto e 3% de frete, ambos os percentuais calculados sobre o preço $x$. Vende esse produto ao consumidor por R$ 54,00, com lucro de 25%. Então, o valor de $x$ é:

a) R$ 36,00 b) R$ 38,00 c) R$ 40,00 d) R$ 41,80 e) R$ 42,40

5) Quantos múltiplos de 9 ou 15 há entre 100 e 1000?
(A) 100 (B) 120 (C) 140 (D) 160 (E) 180

6) A medida do perímetro do triângulo cujos vértices são os pontos $(1, 1)$, $(1, 3)$ e $(2, 3)$ é:
a) $3 + \sqrt{5}$ b) $3 + 2\sqrt{5}$ c) $3 + 3\sqrt{5}$ d) $3 + 4\sqrt{5}$ e) $3 + 5\sqrt{5}$

7) A média aritmética das notas de Matemática em uma turma de 25 alunos em um dos doze Colégios Militares existentes no Brasil diminui em $0, 1$, se alterarmos uma das notas para $6, 8$. A referida nota sem ser alterada é:
a) $4, 3$ b) $8, 8$ c) $4, 8$ d) $9, 3$ e) $9, 8$

8) Se o resto da divisão do polinômio $P(x) = 2x^n + 5x - 30$ por $Q(x) = x - 2$ é igual a 44, então $n$ é igual a:
a) 2 b) 3 c) 4 d) 5 e) 6

9) O valor de $x$ tal que $3^4 \cdot 3^5 \cdot 3^6 \cdot \ldots \cdot 3^x = 3^{30}$ é:
(A) 6 (B) 7 (C) 8 (D) 12 (E) 13

10) Um quadrado e um retângulo têm a mesma área. Os lados do retângulo são expressos por números naturais consecutivos, enquanto que o quadrado tem $2\sqrt{5}$ centímetros de lado. Assim, o perímetro, em centímetros, do retângulo é:
a) 12 b) 16 c) 18 d) 20 e) 24

11) As diagonais de um losango medem 48 cm e 33 cm. Se a medida da diagonal maior diminuir 4 cm, então, para que a área permaneça a mesma, deve-se aumentar a medida da diagonal menor de:
a) 3 cm b) 5 cm c) 6 cm d) 8 cm e) 9 cm

12) A proporção entre as medalhas de ouro, prata e bronze conquistadas por um atleta é $1 : 2 : 4$, respectivamente. Se ele disputar 77 competições e ganhar medalhas em todas elas, quantas medalhas de bronze ele ganhará?
a) 55 b) 33 c) 44 d) 22 e) 11

# Capítulo 37

# Prova 2010/2011

1) Em uma escola com $500$ alunos, foi realizada uma pesquisa para determinar a tipagem sanguínea destes. Observou-se que $115$ tinham o antígeno A, $235$ tinham o antígeno B e $225$ não possuíam nenhum dos dois. Escolhendo ao acaso um destes alunos, a probabilidade de que ele seja do tipo AB, isto é, possua os dois antígenos, é

a) $15\%$ b) $23\%$ c) $30\%$ d) $45\%$ e) $47\%$

2) A medida do raio de uma circunferência inscrita em um trapézio isósceles de bases $16$ e $36$ é um número

a) primo
b) par
c) irracional
d) múltiplo de $5$
d) múltiplo de $9$

3) Aumentando-se um número $x$ em $75$ unidades, seu logaritmo na base $4$ aumenta em $2$ unidades. Pode-se afirmar que $x$ é um número:

a) Irracional.
b) Divisor de $8$.
c) Múltiplo de $3$.
d) Menor que $1$.
e) Maior que $4$.

4) O número mínimo de termos que deve ter a PA $(73, 69, 65, \ldots)$ para que a soma de seus termos seja negativa é

a) 18 b) 19 c) 20 d) 37 e) 38

5) Numa sala de aula, a média das idades dos $50$ alunos era de $22,5$ anos. No cálculo da média, foram consideradas idades com anos completos. Transcorridas algumas semanas, houve a desistência de um aluno e a média das idades caiu para $22$ anos. Considerando-se que nesse período nenhum dos alunos da turma fez aniversário, então a idade do aluno que desistiu é igual a:
a) $47$ anos. b) $45$ anos. c) $37$ anos. d) $35$ anos. e) $27$ anos.

6) Uma pessoa deseja totalizar a quantia de R\$ $600,00$ utilizando cédulas de um, dez e vinte reais, num total de $49$ cédulas, de modo que a diferença entre as quantidades de cédulas de dez e de um real seja igual a nove unidades. Nesse caso, a quantidade de cédulas de vinte reais de que a pessoa precisará será igual a:
a) 10 b) 19 c) 20 d) 21 e) 29

7) O capital de R\$ $360,00$ foi dividido em duas partes, $A$ e $B$. A quantia $A$ rendeu em $6$ meses o mesmo que a quantia $B$ rendeu em $3$ meses, ambos aplicados à mesma taxa no regime de juros simples. Nessas condições, pode-se afirmar que:
a) $A = B$ b) $A = 2B$ c) $B = 2A$ d) $A = 3B$ e) $B = 3A$

8) Dentre as alternativas abaixo, qual corresponde ao valor numérico da expressão $\left(\sqrt{3\sqrt{5}+5}+\sqrt{3\sqrt{5}-5}\right)^2$.
a) $10$
b) $6\sqrt{5}$
c) $6$
d) $10\sqrt{5}$
e) $6\sqrt{5}-10$

9) Um cone reto, de altura $H$ e área da base $B$, é seccionado por um plano paralelo à base. Consequentemente, um novo cone com altura $\frac{H}{3}$ é formado. Qual a razão entre os volumes do maior e o do menor cone, o de altura $H$ e o de altura $\frac{H}{3}$
a) 3 b) 6 c) 9 d) 18 e) 27

10) O valor de $k$ real, para que o sistema $\begin{cases} kx + 2y - z = 2 \\ 2x - 8y + 2z = 0 \\ 2x + z = 4 \end{cases}$ seja possível e determinado, é:

a) $k \neq -\frac{1}{2}$ b) $k = \frac{1}{2}$ c) $k \neq -\frac{1}{6}$ d) $k \neq -\frac{3}{2}$ d) $k \neq -\frac{7}{2}$

11) Sabe-se que 1, $a$ e $b$ são raízes do polinômio $p(x) = x^3 - 11x^2 + 26x - 16$, e que $a > b$. Nessas condições, o valor de $a^b + \log_b a$ é:

a) $\frac{49}{3}$ b) $\frac{193}{3}$ c) 67 d) 64 e) 19

12) Se $p = \frac{q}{\frac{\frac{1}{3}+\frac{1}{5}}{2}}$, sendo $p$ e $q$ números inteiros positivos primos entre si, calcule $p^q$.

a) $4^{15}$ b) $15^4$ c) $15^8$ d) $8^{15}$ e) $16^{15}$

13) Seja a reta $r$ de equação $5x - 2y - 11 = 0$. A equação da reta $s$, paralela a $r$, que contém o ponto $F = (3, -1)$ é:

a) $5x - 2y + 17 = 0$
b) $2x - 5y + 17 = 0$
c) $5x + 2y + 17 = 0$
d) $5x - 2y - 17 = 0$
e) $2x + 5y + 17 = 0$

# Capítulo 38

# Prova 2011/2012

1) Em uma turma a média aritmética das notas é $7,5$. Sabe-se que a média aritmética das notas das mulheres é $8$ e das notas dos homens é $6$. Se o número de mulheres excede o de homens em $8$, pode-se afirmar que o número total de alunos da turma é
A) $4$. B) $8$. C) $12$. D) $16$. E) $20$.

2) Para que as retas de equações $2x - ky = 3$ e $3x + 4y = 1$ sejam perpendiculares, deve-se ter
A) $k = \frac{3}{2}$. B) $k = \frac{2}{3}$. C) $k = -\frac{1}{3}$. D) $k = -\frac{3}{2}$. E) $k = 2$.

3) Um terreno de forma triangular tem frentes de $20$ metros e $40$ metros, em ruas que formam, entre si, um ângulo de $60°$. Admitindo-se $\sqrt{3} = 1,7$, a medida do perímetro do terreno, em metros, é
a) $94$. b) $93$. c) $92$. d) $91$. e) $90$.

4) A média aritmética de $n$ números é $29$. Retirando-se o número $12$ a média aumenta para $30$. Podemos afirmar que o valor de $n$ será
A) $17$. B) $11$. C) $42$. D) $41$. E) $18$.

5) Um par de coturnos custa na loja "Só Fardas" R\$ $21,00$ mais barato que na loja "Selva Brasil". O gerente da loja "Selva Brasil", observando essa diferença, oferece um desconto de $15\%$ para que o seu preço iguale o de seu concorrente. O preço do par de coturnos, em reais, na loja "Só Fardas" é um número cuja soma dos algarismos é
A) $9$. B) $11$. C) $10$. D) $13$. E) $12$.

6) Três amigos, Abel, Bruno e Carlos, juntos possuem um total de $555$ figurinhas. Sabe-se que Abel possui o triplo de Bruno menos $25$ figurinhas, e que Bruno possui o dobro de Carlos mais $10$ figurinhas. Desses amigos, o que possui mais tem
A) $250$ figurinhas.
B) $365$ figurinhas.
C) $275$ figurinhas.
D) $325$ figurinhas.
E) $300$ figurinhas.

7) Um quadrado $ABCD$ está contido completamente no 1º quadrante do sistema cartesiano. Os pontos $A(5,1)$ e $B(8,3)$ são vértices consecutivos desse quadrado. A distância entre o ponto $A$ e o vértice $C$, oposto a ele, é
A) $13$. B) $2\sqrt{13}$. C) $26$. D) $\sqrt{13}$. E) $\sqrt{26}$.

8) Um tanque subterrâneo tem a forma de um cone invertido. Esse tanque está completamente cheio com $8$ dm$^3$ de água e $56$ dm$^3$ de petróleo. Petróleo e água não se misturam, ficando o petróleo na parte superior do tanque e a água na parte inferior. Sabendo que o tanque tem $12$ m de profundidade, a altura da camada de petróleo é
A) $10$ m. B) $9$ m. C) $8$ m. D) $7$ m. E) $6$ m.

9) A reta $y = mx+2$ é tangente à circunferência de equação $(x-4)^2+y^2 = 4$. A soma dos possíveis valores de $m$ é
A) $0$. B) $\frac{4}{3}$. C) $-\frac{4}{3}$. D) $-\frac{3}{4}$ . E) $2$.

10) Quantos anagramas da palavra CONSOANTES podem ser formados com as vogais juntas e em ordem alfabética?
A) $\frac{10!}{2!2!2!}$ B) $\frac{10!}{2!2!}$ C) $\frac{10!}{7!3!}$ D) $\frac{7!}{2!2!2!}$ E) $\frac{7!}{2!2!}$

11) Seja uma função $f:\mathbb{R}\longrightarrow\mathbb{R}$ definida por $f(x) = 2[\cos(2x)+i\,\text{sen}(2x)]$. Qual o valor de $f(\frac{\pi}{6})$?
A) $\sqrt{3}+i$ B) $1+i\sqrt{3}$ C) $\sqrt{3}-i$ D) $\frac{\sqrt{3}}{2}+\frac{i}{2}$ E) $\frac{\sqrt{3}}{2}-\frac{i}{2}$

12) Se $f(x) = \log_{\sqrt{5}} x^2$, com $x$ real e maior que zero, então o valor de $f(f(5))$ é
A) $\frac{2\log 2}{1+\log 2}$ B) $\frac{\log 2}{\log 2+2}$ C) $\frac{5\log 2}{\log 2+1}$ D) $\frac{8\log 2}{1-\log 2}$ E) $\frac{5\log 2}{1-\log 2}$

13) Um agricultor colheu dez mil sacas de soja durante uma safra. Naquele momento a soja era vendida a R\$ $40,00$ a saca. Como a expectativa do mercado era do aumento de preços, ele decidiu guardar a produção e tomar um empréstimo no mesmo valor que obteria se vendesse toda a sua produção, a juros compostos de $10\%$ ao ano. Dois anos depois, ele vendeu a soja a R\$ $50,00$ a saca e quitou a dívida. Com essa operação ele obteve

A) prejuízo de R\$ $20.000,00$.

B) lucro de R\$ $20.000,00$.

C) prejuízo de R\$ $16.000,00$.

D) lucro de R\$ $16.000,00$.

E) lucro de R\$ $60.000,00$.

14) Um capital de R\$ $1.000,00$ foi aplicado a juros compostos a uma taxa de $44\%$ a.a. Se o prazo de capitalização foi de $180$ dias, o montante gerado será de

A) R\$ $1.440,00$.

B) R\$ $1.240,00$.

C) R\$ $1.680,00$.

D) R\$ $1.200,00$.

E) R\$ $1.480,00$.

15) Seja $\overline{AB}$ um dos catetos de um triângulo retângulo e isósceles $ABC$, retângulo em $A$, com $A(1;1)$ e $B(5;1)$. Quais as coordenadas cartesianas do vértice $C$, sabendo que este vértice pertence ao primeiro quadrante?

A) $(5;5)$ B) $(1;5)$ C) $(4;4)$ D) $(1;4)$ E) $(4;5)$

# Capítulo 39

# Prova 2012/2013

1) Em uma progressão aritmética, o primeiro termo é $5$ e o décimo primeiro termo é $45$. Pode-se afirmar que o sexto termo é igual a

A) $15$ B) $21$ C) $25$ D) $29$ E) $35$

2) Se $5^{x+2} = 100$, então $5^{2x}$ é igual a

A) $4$ B) $8$ C) $10$ D) $16$ E) $100$

3) Uma corrida é disputada por 8 atletas. O número de resultados possíveis para os $4$ primeiros lugares é

A) $336$. B) $512$. C) $1530$. D) $1680$. E) $4096$.

4) Se $f(2x+1) = x^2 + 2x$, então $f(2)$ vale

A) $\frac{5}{4}$ B) $\frac{3}{2}$ C) $\frac{1}{2}$ D) $\frac{3}{4}$ E) $\frac{5}{2}$

5) Dobrando-se a altura de um cilindro circular reto e triplicando o raio de sua base, pode-se afirmar que seu volume fica multiplicado por

A) $6$. B) $9$. C) $12$. D) $18$. E) $36$.

6) Em um programa de TV, o participante começa com R$ 500,00. Para cada pergunta respondida corretamente, recebe R$ $200,00$; e para cada resposta errada perde R$ $150,00$. Se um participante respondeu todas as $25$ questões formuladas no programa e terminou com R$ $600,00$, quantas questões ele acertou?

A) $14$ B) $9$ C) $10$ D) $11$ E) $12$

7) Assinale a alternativa que represente o tempo necessário para que uma pessoa que aplicou R$ $2000,00$, à taxa de $10\%$ ao ano, receba R$ $662,00$ de juros.
A) 36 meses
B) 1 ano e meio
C) 3 meses
D) 2 anos
E) 6 anos

8) Para que uma escada seja confortável, sua construção deverá atender aos parâmetros $e$ e $p$ da equação $2e + p = 63$, onde $e$ e $p$ representam, respectivamente, a altura e o comprimento, ambos em centí■metros, de cada degrau da escada. Assim, uma escada com $25$ degraus e altura total igual a $4$ m deve ter o valor de $p$ em centímetros igual a
A) 32 B) 31 C) 29 D) 27 E) 26

9) A média aritmética de todos os candidatos de um concurso foi $9,0$, dos candidatos selecionados foi $9,8$ e dos eliminados foi $7,8$. Qual o percentual de candidatos selecionados?
A) $20\%$ B) $25\%$ C) $30\%$ D) $50\%$ E) $60\%$

10) Se $\log_2 3 = a$ e $\log_2 5 = b$, então o valor de $\log_{0,5} 75$ é
A) $a + b$
B) $-a + 2b$
C) $a - b$
D) $a - 2b$
E) $-a - 2b$

11) Os gráficos das funções reais $f(x) = 2x - \frac{2}{5}$ e $g(x) = 3x^2 - c$ possuem um único ponto em comum. O valor de $c$ é
A) $-\frac{1}{5}$ B) $0$ C) $\frac{1}{5}$ D) $\frac{1}{15}$ E) $1$

12) A soma dos valores de $m$ que satisfazem a ambas as igualdades $\operatorname{sen} x = \frac{m+1}{m}$ e $\cos x = \frac{m+2}{m}$ é
A) $5$ B) $6$ C) $4$ D) $-4$ E) $-6$

13) Comprei um eletrodoméstico e ganhei do vendedor $5\%$ de desconto sobre o preço da mercadoria. Após falar com o gerente da loja, ele deu um desconto de $10\%$ sobre o novo valor que eu pagaria. Paguei, então, R$ $1.710,00$. Qual

era o preço inicial da mercadoria?
A) R\$ $1.900,00$
B) R\$ $1.950,00$
C) R\$ $2.000,00$
D) R\$ $2.100,00$
E) R\$ $2.200,00$

14) Os pontos $M(-3,1)$ e $P(1,-1)$ são equidistantes do ponto $S(2,b)$. Desta forma, pode-se afirmar que $b$ é um número
A) primo.
B) múltiplo de $3$.
C) divisor de $10$.
D) irracional.
E) maior que $7$.

15) Em um guarda-roupa há quatro camisas, cinco calças e três sapatos, então identifique a alternativa que apresenta a quantidade de formas diferentes que se pode utilizá-las.
A) $\infty$ B) $453$ C) $1$ D) $12$ E) $60$

16) Assinale a alternativa cuja palavra possui $60$ anagramas.
A) AMEIXA
B) BRANCO
C) BANANA
D) PARQUE
E) PATETA

17) Para o time de futebol da EsSA, foram convocados $3$ goleiros, $8$ zagueiros, $7$ meios de campo e $4$ atacantes. O número de times diferentes que a EsSA pode montar com esses jogadores convocados de forma que o time tenha $1$ goleiro, $4$ zagueiros, $5$ meios de campo e $1$ atacante é igual a
A) $84$. B) $451$. C) $981$. D) $17.640$. E) $18.560$.

18) O conjunto solução da equação exponencial $4^x - 2^x = 56$ é
A) $\{-7,8\}$ B) $\{3,8\}$ C) $\{3\}$ D) $\{2,3\}$ E) $\{8\}$

19) Sabendo que $\log P = 3 \cdot \log a - 4 \cdot \log b + \frac{1}{2} \cdot \log c$, assinale a alternativa que representa o valor de $P$.

(dados: $a = 4$, $b = 2$ e $c = 16$)

A) 12 B) 52 C) 16 D) 24 E) 73

20) Duas esferas de aço de raio $4$ cm e $\sqrt[3]{61}$ cm fundem-se para formar uma esfera maior. Considerando que não houve perda de material das esferas durante o processo de fundição, a medida do raio da nova esfera é de:

A) 5 cm B) $5,5$ cm C) $4,5$ cm D) 6 cm E) 7 cm

# Capítulo 40

# Prova 2013/2014

01. Identifique a alternativa que apresenta a frequência absoluta $(f_i)$ de um elemento $(x_i)$, cuja frequência relativa $(f_r)$ é igual a $25\%$ e cujo total de elementos da amostra é igual a $72$.
(A) $18$ (B) $45$ (C) $36$ (D) $9$ (E) $54$

02. Os números naturais eram inicialmente utilizados para facilitar a contagem. Identifique a alternativa que apresenta um número natural.
(A) $\sqrt{5}$ (B) $8$ (C) $-4$ (D) $-\frac{8}{3}$ (E) $\sqrt{-7}$

03. Qual é a média de idade de um grupo em que há $6$ pessoas de $14$ anos, $9$ pessoas de $20$ anos e $5$ pessoas de $16$ anos?
(A) $17,2$ anos. (B) $18,1$ anos. (C) $17$ anos. (D) $17,5$ anos. (E) $19,4$ anos.

04. O volume de um tronco de pirâmide de $4$ dm de altura e cujas áreas das bases são iguais a $36$ dm$^2$ e $144$ dm$^2$ vale
(A) $330$ m$^2$ (B) $330$ cm$^2$ (C) $360$ dm$^3$ (D) $720$ dm$^3$ (E) $336$ dm$^3$

05. O logaritmo de um produto de dois fatores é igual à soma dos logaritmos de cada fator, mantendo-se a mesma base. Identifique a alternativa que representa a propriedade do logaritmo anunciada.
(A) $\log_b(a + c) = \log_b(a \cdot c)$
(B) $\log_e(a \cdot c) = \log_b a + \log_f c$
(C) $\log_b(a + c) = (\log_b a) \cdot (\log_b c)$
(D) $\log_b(a \cdot c) = \log_b(a + c)$
(E) $\log_b(a \cdot c) = \log_b a + \log_b c$

06. Um pelotão está formado de tal maneira que todas as $n$ filas têm $n$ soldados. Trezentos soldados se juntam a esse pelotão e a nova formação tem o dobro de filas, cada uma, porém, com 10 soldados a menos. Quantas filas há na nova formação?
(A) 40 (B) 60 (C) 80 (D) 30 (E) 20

07. Dada a equação da circunferência $(x-a)^2+(y-b)^2=r^2$, sendo $(a,b)$ as coordenadas do centro e $r$ a medida do raio, identifique a equação geral da circunferência de centro $(2,3)$ e raio igual a 5.
(A) $x^2+y^2-4x-6y-12=0$
(B) $x^2-4x=-16$
(C) $x^2+y^2=25$
(D) $y^2-6y=-9$
(E) $x^2+y^2-4xy-12=0$

08. Com as letras da palavra SARGENTO foram escritos todos os anagramas iniciados por vogais e com as consoantes todas juntas. Quantos são esses anagramas?
(A) 40.320 (B) 120.960 (C) 720 (D) 120 (E) 2.160

09. Encontre o valor numérico da expressão: $E=11^7+11^7+11^7+11^7+11^7+11^7+11^7+11^7+11^7+11^7+11^7$.
(A) $11^{77}$ (B) $121^{77}$ (C) $121^7$ (D) $11^{14}$ (E) $11^8$

10. Jogando-se um dado comum de seis faces e não viciado, a probabilidade de ocorrer um número primo e maior que 4 é de
(A) $\frac{5}{6}$ (B) $\frac{1}{6}$ (C) $\frac{1}{2}$ (D) $\frac{1}{3}$ (E) $\frac{2}{3}$

11. Um colégio promoveu numa semana esportiva um campeonato interclasses de futebol. Na primeira fase, entraram na disputa 8 times, cada um deles jogando uma vez contra cada um dos outros times. O número de jogos realizados na 1ª fase foi de
(A) 23 jogos. (B) 28 jogos. (C) 8 jogos. (D) 13 jogos. (E) 35 jogos.

12. Para que o polinômio do segundo grau $A(x)=3x^2-bx+c$, com $c>0$, seja o quadrado do polinômio $B(x)=mx+n$ é necessário que
(A) $b^2=12c$. (B) $b^2=12$. (C) $b^2=4c$. (D) $b^2=36$. (E) $b^2=36c$

# Capítulo 41

# Prova 2014/2015

1) Sendo o polinômio $P(x) = x^3 + 3x^2 + ax + b$ um cubo perfeito, então a diferença $a - b$ vale:

A) 3 B) 2 C) 1 D) 0 E) $-1$

2) Em um sistema de coordenadas cartesianas no plano, considere os pontos $O(0,0)$ e $A(8,0)$. A equação do conjunto dos pontos $P(x,y)$ desse plano sabendo que a distância de $O$ a $P$ é o triplo da distância de $P$ a $A$, é uma

A) circunferência de centro $(9,0)$ e raio 3.

B) elipse de focos $(6,0)$ e $(12,0)$, e eixo menor 6.

C) hipérbole de focos $(3,0)$ e $(15,0)$, e eixo real 6.

D) parábola de vértice $(9,3)$, que intercepta o eixo das abscissas nos pontos $(6,0)$ e $(12,0)$.

E) reta que passa pelos pontos $(6,0)$ e $(9,3)$.

3) Um hexágono regular está inscrito em uma circunferência de diâmetro 4 cm. O perímetro desse hexágono, em cm, é

a) $4\pi$ b) $8\pi$ c) 24 d) 6 e) 12

4) Dobrando o raio da base de um cone e reduzindo sua altura à metade, seu volume

A) dobra.

B) quadruplica.

C) não se altera.

D) reduz-se à metade do volume original.

E) reduz-se a um quarto do volume original.

5) Qual é a área da circunferência inscrita num triângulo $ABC$ cuja a área desse triângulo vale $12\sqrt{5}$ m$^2$ e cujas medidas dos lados, em metros, são 7, 8 e 9:

a) $5\pi$ m$^2$ b) $\sqrt{3}\pi$ m$^2$ c) $\sqrt{5}\pi$ m$^2$ d) $\frac{3}{5}\pi$ m$^2$ e) $12\pi$ m$^2$

6) Em um treinamento de condicionamento físico, um soldado inicia seu primeiro dia correndo 800 m. No dia seguinte corre 850 m. No terceiro 900 m e assim sucessivamente até atingir a meta diária de 2.200 m. Ao final de quantos dias, ele terá alcançado a meta?

A) 31 B) 29 C) 27 D) 25 E) 23

7) O número de anagramas diferentes com as letras da palavra MILITAR que não possuem consoantes consecutivas que se pode obter é:

A) 60 B) 72 C) 120 D) 186 E) 224

8) Sabendo-se que uma matriz quadrada é invertível se, e somente se, seu determinante é não nulo e que, se $A$ e $B$ são duas matrizes quadradas de mesma ordem, então $\det(A \cdot B) = (\det A) \cdot (\det B)$, pode-se concluir que, sob essas condições

A) se $A$ é invertível, então $A \cdot B$ é invertível.

B) se $B$ não é invertível, então $A$ é invertível.

C) se $A \cdot B$ é invertível, então $A$ é invertível e $B$ não é invertível.

D) se $A \cdot B$ não é invertível, então $A$ ou $B$ não é invertível.

E) se $A \cdot B$ é invertível, então $B$ é invertível e $A$ não é invertível.

9) A probabilidade de um jogador de futebol marcar o gol ao cobrar um pênalti, é de $80\%$. Se esse jogador cobrar dois pênaltis consecutivos, a probabilidade dele fazer o gol, em ambas as cobranças, é igual a:

A) $16\%$ B) $20\%$ C) $32\%$ D) $64\%$ E) $80\%$

10) Uma equação polinomial do 3º grau que admite as raízes $-1$, $-\frac{1}{2}$ e 2 é:

(A) $x^3 - 2x^2 - 5x - 2 = 0$.

(B) $2x^3 - x^2 - 5x + 2 = 0$.

(C) $2x^3 - x^2 + 5x - 2 = 0$.

(D) $2x^3 - x^2 - 2x - 2 = 0$.

(E) $2x^3 - x^2 - 5x - 2 = 0$.

11) Em um triângulo retângulo de lados $9$ m, $12$ m e $15$ m, a altura relativa ao maior lado será:

a) $7,2$ m b) $7,8$ m c) $8,6$ m d) $9,2$ m e) $9,6$ m

12) O número complexo $i^{102}$, onde $i$ representa a unidade imaginária

A) é positivo.

B) é imaginário puro.

C) é real.

D) está na forma trigonométrica.

E) está na forma algébrica.

13) O capital, em reais, que deve ser aplicado à taxa mensal de juros simples de $5\%$, por $4$ meses, para se obter juros de R\$ $400,00$ é igual a,

A) $1.600,00$

B) $1.800,00$

C) $2.000,00$

D) $2.400,00$

E) $2.500,00$

# Capítulo 42

# Prova 2015/2016

1) Sejam $f$ a função dada por $f(x) = 2x + 4$ e $g$ a função dada por $g(x) = 3x - 2$. A função $f \circ g$ deve ser dada por:
A) $f(g(x)) = 6x$
B) $f(g(x)) = 6x + 4$
C) $f(g(x)) = 2x - 2$
D) $f(g(x)) = 3x + 4$
E) $f(g(x)) = 3x + 2$

2) Identifique a equação exponencial.
A) $2 \cdot X = 4$
B) $2 + X = 4$
C) $X^2 = 4$
D) $\log_X 4 = 2$
E) $2^X = 4$

3) Um aluno da EsSA tem uma habilidade muito boa nas provas de tiro com pistola, possuindo um índice de acerto no alvo de quatro em cada cinco tiros. Se ele atirou duas vezes, a probabilidade de que ele tenha errado os dois tiros é:
A) $\frac{16}{25}$ B) $\frac{8}{25}$ C) $\frac{1}{5}$ D) $\frac{2}{5}$ E) $\frac{1}{25}$

4) A área do triângulo equilátero cuja altura mede 6 cm é:
A) $12\sqrt{3}$ cm$^2$ B) $4\sqrt{3}$ cm$^2$ C) $24\sqrt{3}$ cm$^2$ D) $144$ cm$^2$ E) $6\sqrt{3}$ cm$^2$

5) O exército realizou um concurso de seleção para contratar sargentos e cabos. A prova geral foi igual para ambos. Compareceram $500$ candidatos para

sargento e 100 para cabo. Na prova, a média de todos os candidatos foi 4, porém, a média apenas entre os candidatos a sargento foi 3, 8. Desse modo, qual foi a média entre os candidatos a cabo?

A) 3, 9 B) 1, 0 C) 6, 0 D) 4, 8 E) 5

6) A parte real do número complexo $\frac{1}{(2i)^2}$ é:

(A) $-\frac{1}{4}$ (B) $-2$ (C) 0 (D) $\frac{1}{4}$ (E) 2

7) Num triângulo retângulo cujos catetos medem $\sqrt{8}$ e $\sqrt{9}$, a hipotenusa mede

A) $\sqrt{10}$ B) $\sqrt{11}$ C) $\sqrt{13}$ D) $\sqrt{17}$ E) $\sqrt{19}$

8) ANULADA

9) Dados $\log 3 = a$ e $\log 2 = b$, a solução de $4^x = 30$ é

A) $\frac{(2a+1)}{b}$ B) $\frac{(a+2)}{b}$ C) $\frac{(2b+1)}{a}$ D) $\frac{(a+1)}{2b}$ E) $\frac{(b+2)}{a}$

10) As funções do 2º grau com uma variável: $f(x) = aX^2 + bX + c$ terão valor máximo quando

A) $a < 0$ B) $b > 0$ C) $c < 0$ D) $\Delta > 0$ E) $a > 0$

11) A palavra "icosaedro", de origem grega, significa "20 faces". Sabendo que o icosaedro regular é formado por 20 triângulos regulares, determine o número de vértices.

A) 12 B) 42 C) 52 D) 8 E) 48

12) Dados três pontos colineares $A(x, 8)$, $B(-3, y)$ e $M(3, 5)$, determine o valor de $x + y$, sabendo que $M$ é ponto médio de $AB$

A) 3 B) 11 C) 9 D) $-2,5$ E) 5

13) O número de anagramas diferentes que podemos formar com a palavra RANCHO, de modo que se iniciem com vogal, é:

A) 120 B) 240 C) 720 D) 1440 E) 24

14) Em uma pirâmide reta de base quadrada, de 4 m de altura, uma aresta da base mede 6 m. A área total dessa pirâmide, em $m^2$, é

A) 144 B) 84 C) 48 D) 72 E) 96

# Capítulo 43

# Prova 2016/2017

1) O grau do polinômio $(4x-1)\cdot(x^2-x-3)\cdot(x+1)$ é:
(A) 5 (B) 3 (C) 2 (D) 6 (E) 4

2) Duas esferas de raios 3 cm e $\sqrt[3]{51}$ cm fundem-se para formar uma esfera maior. Qual o raio da nova esfera?
(A) $\sqrt[3]{26}$ (B) $\sqrt[3]{68}$ (C) $\sqrt[3]{78}$ (D) $\sqrt[3]{36}$ (E) $\sqrt[3]{104}$

3) A equação da circunferência de centro $(1,2)$ e raio 3 é:
(A) $x^2+y^2-2x-4y-14=0$
(B) $x^2+y^2-4x-2y-4=0$
(C) $x^2+y^2-2x-4y-4=0$
(D) $x^2+y^2-2x-4y+14=0$
(E) $x^2+y^2-2x-4y-4=0$

4) Sejam as funções reais dadas por $f(x)=5x+1$ e $g(x)=3x-2$. Se $m=f(n)$, então $g(m)$ vale:
(A) $14n-2$
(B) $15n-15$
(C) $14n-1$
(D) $15n+1$
(E) $3n-2$

5) Sabendo que $x$ pertence ao 4º quadradnte e que $\cos x=0,8$, pode-se afirmar que o valor de $\operatorname{sen} 2x$ é igual a:
(A) 1 (B) $0,96$ (C) $0,28$ (D) $-0,28$ (E) $-0,96$

6) Uma herança de R$ $193.800,00$ será repartida integralmente entre três herdeiros em partes diretamente proporcionais às suas respectivas idades: 30 anos, 35 anos e 37 anos. O herdeiro mais velho receberá:
(A) R$ $70.300,00$
(B) R$ $90.300,00$
(C) R$ $57.000,00$
(D) R$ $66.500,00$
(E) R$ $70.500,00$

7) Sendo $n$ um número natural $n!$ equivale a $n \cdot (n-1) \cdot (n-2) \cdot 2 \cdot \ldots \cdot 1$ e ainda $0! = 1$ e $1! = 1$, então identifique a alternativa verdadeira:
(A) $3! = 7$ (B) $2! = 3$ (C) $4! = 10$ (D) $6! = 600$ (E) $5! = 120$

8) Utilizando os valores aproximados $\log 2 = 0,30$ e $\log 3 = 0,48$, encontramos para $\log \sqrt[3]{12}$ o valor de:
(A) $0,31$ (B) $0,35$ (C) $0,32$ (D) $0,33$ (E) $0,36$

9) Em uma Progressão Aritmética com 6 termos, temos que a soma de seus termos é igual a 102 e seu último termo é 27. Com base nessas informações, a razão desta progressão é:
(A) 3 (B) 7 (C) 11 (D) 5 (E) 4

10) O conjunto solução da equação $x^3 - 2x^2 - 5x + 6 = 0$ é:
(A) $S = \{-0,5; -3; 4\}$
(B) $S = \{-0,5; 3; 4\}$
(C) $S = \{-3; -1; 2\}$
(D) $S = \{-3; 1; 2\}$
(E) $S = \{-2; 1; 3\}$

11) Funções bijetoras possuem função inversa porque elas são invertíveis, mas devemos tomar cuidado com o domínio da nova função obtida. Indique a alternativa que apresenta a função inversa de $f(x) = x + 3$.
(A) $f^{-1}(x) = x + 3$
(B) $f^{-1}(x) = -x + 3$
(C) $f^{-1}(x) = x - 3$
(D) $f^{-1}(x) = 3x$
(E) $f^{-1}(x) = -x - 3$

12) Em uma progressão aritmética cujo primeiro termo é $1,87$ e a razão é $0,004$, temos que a soma dos seus dez primeiros é igual a:

(A) $18,99$ (B) $9,5674$ (C) $18,88$ (D) $9,5644$ (E) $18,9$

# Capítulo 44

# Prova 2017/2018

1) A geratriz de um cone circular reto de altura 8 cm é 10 cm; então a área da base desse cone é:

A) $9\pi$ cm$^2$ B) $25\pi$ cm$^2$ C) $64\pi$ cm$^2$ D) $36\pi$ cm$^2$ E) $16\pi$ cm$^2$

2) Uma caixa d'água, na forma de um paralelepípedo reto de base quadrada, cuja altura é a metade do lado da base e tem medida $k$, está com $80\%$ de sua capacidade máxima ocupada. Sabendo-se que há uma torneira de vazão 50 L/min enchendo essa caixa d'água e que após 2 h ela estará completamente cheia, qual o volume de uma caixa d'água cúbica de aresta $k$?

A) 7500 mL B) 5000 mL C) 6000 L D) 6000 cm$^3$ E) 7500 dm$^3$

3) Em um grupo de 25 alunos, 15 praticam futebol e 20 praticam voleibol, alguns alunos do grupo praticam futebol e voleibol e todos os alunos praticam algum esporte. Qual a probabilidade de escolhermos um aluno ao acaso e ele praticar futebol e voleibol?

A) $35\%$ B) $25\%$ C) $40\%$ D) $30\%$ E) $20\%$

4) Uma pesquisa feita em uma Organização Militar, constatou que as idades de 10 militares eram 25, 20, 30, 30, 23, 35, 22, 20, 30 e 25. Analisando essas idades, a média aritmética, a moda e a mediana, respectivamente são:

A) 26, 30, 20

B) 35, 20, 25

C) 26, 30, 25

D) 25, 30, 26

E) 25, 25, 30

5) O conjunto solução da inequação $x^2 + 5x + 6 < 0$, onde $x$ é um número real, $x \in \mathbb{R}$ é:
A) $\{x \in \mathbb{R} \mid -2 < x < 3\}$
B) $\{x \in \mathbb{R} \mid -3 < x < -2\}$
C) $\{x \in \mathbb{R} \mid -5 < x < 1\}$
D) $\{x \in \mathbb{R} \mid -5 < x < -6\}$
E) $\{x \in \mathbb{R} \mid -3 < x < 2\}$

6) Os ângulos internos de um quadrilátero são inversamente proporcionais aos números 2, 3, 4 e 5. O maior ângulo interno deste quadrliátero mede aproximadamente:
A) $210°$ B) $230°$ C) $140°$ D) $100°$ E) $90°$

7) Em uma das OMSE do concurso da ESA, farão a prova 550 candidatos. O número de candidatos brasileiros natos está para o número de candidatos brasileiros naturalizados assim como 19 está para 3. Podemos afirmar que o número de candidatos naturalizados é igual a:
A) 75 B) 90 C) 100 D) 50 E) 25

8) Os valores de $k$ de modo que o valor mínimo da função $f(x) = x^2 + (2k-1)x + 1$ seja $-3$ são:
A) $\frac{5}{2}$ e $-\frac{3}{2}$
B) $\frac{5}{4}$ e $-\frac{3}{4}$
C) $-\frac{5}{2}$ e $\frac{3}{2}$
D) $-\frac{5}{2}$ e $-\frac{3}{2}$
E) $\frac{5}{2}$ e $\frac{3}{2}$

9) Se $\log x$ representa o logaritmo na base 10 de $x$, então o valor de $k \in (0, +\infty)$ tal que $\log k = 10 - \log 5$ é:
A) $10^{10}$ B) $5 \cdot 10^{10}$ C) $2 \cdot 10^9$ D) $10^9$ E) $5 \cdot 10^9$

10) Com relação às funções injetoras, sobrejetoras e bijetoras podemos afirmar que:
A) se, é injetora e não é sobrejetora, então ela é bijetora
B) se, é sobrejetora e não é injetora, então ela é bijetora
C) se, é injetora, então ela é sobrejetora
D) se, é sobrejetora, então ela é injetora

E) se, é injetora e sobrejetora, então ela é bijetora

11) Se $2 + 3i$ é raiz de uma equação algébrica $P(x) = 0$, de coeficientes reais, então podemos afirmar que:
A) $2 - 3i$ também é raiz da mesma equação
B) $-3i$ também é raiz da mesma equação
C) $3 - 2i$ também é raiz da mesma equação
D) 2 também é raiz da mesma equação
E) $3 + 2i$ também é raiz da mesma equação

12) Determine a distância entre os pontos $P(0, 0)$ e $Q(2, 2)$.
A) $\frac{\sqrt{2}}{2}$ B) $\frac{\sqrt{2}}{3}$ C) $2\sqrt{2}$ D) $3\sqrt{2}$ E) $\sqrt{2}$

# Parte II

# Soluções e Gabaritos

# Capítulo 45

# Solução 2008/2009

1) Seja a matriz dada:

$$B = \begin{bmatrix} b_{11} & b_{12} & b_{13} \\ b_{21} & b_{22} & b_{23} \\ b_{31} & b_{32} & b_{33} \end{bmatrix}$$

Usando as informações dasdas e sabendo que uma PA de três termos de razão $r$ pode ser escrita como $(x - r, x, x + r)$ teremos:

$$B = \begin{bmatrix} x-2 & x & x+2 \\ y-2 & y & y+2 \\ z-2 & z & z+2 \end{bmatrix}$$

Sabendo as somas para cada uma das linhas teremos:

$$x - 2 + x + x + 2 = 5 \Rightarrow 3x = 5 \Rightarrow x = \frac{5}{3}$$

E

$$y - 2 + y + y + 2 = 3 \Rightarrow 3y = 3 \Rightarrow y = 1$$

Finalmente:

$$z - 2 + z + z + 2 = 0 \Rightarrow 3z = 0 \Rightarrow z = 0$$

Assim a matriz fica:

$$B = \begin{bmatrix} -\frac{1}{3} & \frac{5}{3} & \frac{11}{3} \\ -1 & 1 & 3 \\ -2 & 0 & 2 \end{bmatrix}$$

Calculando o determinante de $B$, usando a regra de Laplace:

$$\det B = -\frac{1}{3} \cdot 1 \cdot 2 + 0 - 2 \cdot \frac{5}{3} \cdot 3 - \left(\frac{11}{3} \cdot 1 \cdot -2 + 0 + 2 \cdot \frac{5}{3} \cdot (-1)\right)$$

Então:

$$\det B = -\frac{2}{3} - 10 + \frac{22}{3} + \frac{10}{3}$$

Logo:

$$\det B = 0$$

A opção correta é, então, a B. Como observação adicional, veja que a terceira linha é igual a segunda subtraída de 1.

2) O coeficiente angular da reta definida pelos pontos $A$ e $B$ é:

$$m = \frac{y_A - y_B}{x_A - x_B} \Rightarrow m = \frac{1-3}{1-2} \Rightarrow m = 2$$

O coeficiente angular $m_s$ da mediatriz será:

$$m \cdot m_s = -1 \Rightarrow 2 \cdot m_s = -1 \Rightarrow m_s = -\frac{1}{2}$$

Logo a equação da meditriz tem a forma:

$$y = -\frac{1}{2}x + n$$

Como ela passa pelo ponto médio $M$ de $\overline{AB}$, calculamos as coordenadas de $M$:

$$(x_M, y_M) = \left(\frac{x_A + x_B}{2}, \frac{y_A + y_B}{2}\right)$$

Logo:

$$(x_M, y_M) = \left(\frac{1+2}{2}, \frac{1+3}{2}\right) \Rightarrow (x_M, y_M) = \left(\frac{3}{2}, 2\right)$$

Assim, substituindo o ponto $M$ na reta da mediatriz:

$$2 = -\frac{1}{2} \cdot \frac{3}{2} + n \Rightarrow n = \frac{11}{4}$$

Quando a reta corta o eixo das abscissas temos $y = 0$, logo:

$$0 = -\frac{1}{2}x + \frac{11}{4} \Rightarrow x = \frac{11}{2}$$

O ponto é, portanto, $(\frac{11}{2}, 0)$, opção E.

3) Os R\$ $50.000,00$ ficarão aplicados por 2 anos, logo:

$$50000 \cdot 1,1^2 = 60500$$

O total será então de R\$ $90500,00$, ou seja, opção A.

4) O domínio da função é tal que:

$$9^{2x-1} - 3^{-3x+4} > 0 \Rightarrow 9^{2x-1} > 3^{-3x+4}$$

Podemos então escrever:

$$3^{2(2x-1)} > 3^{-3x+4} \Rightarrow 3^{4x-2} > 3^{-3x+4}$$

Como a base é maior que 1 podemos comparar os expoentes sem inverter a desigualdade:

$$4x - 2 > -3x + 4 \Rightarrow 7x > 6 \Rightarrow x > \frac{7}{6}$$

Como $1 < \frac{7}{6} < 2$ temos $2 + 3 = 5$ como resposta. Opção E[1].

5) Vamos dizer que $I$ pessoas pagaram uma entrada inteira e $M$ pessoas pagaram meia entrada. Deste modo teremos:

$$\begin{cases} I + M = 120 \\ 8I + 4M = 760 \end{cases}$$

Já que meia entrada são R\$ $4,00$. Da primeira equação teremos:

$$I = 120 - M$$

Logo, na segunda equação:

$$8 \cdot (120 - M) + 4M = 760$$

Desenvolvendo:

$$960 - 8M + 4M = 760 \Rightarrow 4M = 200 \Rightarrow M = 50$$

[1]A prova original para esta questão estava praticamente ílegível. Então foi feita a leitura possível.

Logo 50 pessoas pagaram meia entrada. Opção D.

6) ANULADA

7) ANULADA

8) Se $a$ é a aresta lateral e $h$ é a altura do prisma, a área lateral $A_\ell$ fica:

$$A_\ell = 6 \cdot ah$$

A área da base $A_b$ fica:

$$A_b = 6 \cdot \frac{a^2\sqrt{3}}{4}$$

Como a área lateral é o dobro da área da base:

$$6 \cdot ah = 2 \cdot 6 \cdot \frac{a^2\sqrt{3}}{4} \Rightarrow h = \frac{a\sqrt{3}}{2}$$

Como $h = 5$ m, teremos $a = \frac{10}{\sqrt{3}}$. Para o volume teremos:

$$V = A_b \cdot h$$

Então:

$$V = 6 \cdot \frac{\left(\frac{10}{\sqrt{3}}\right)^2 \cdot \sqrt{3}}{4} \cdot 5 \Rightarrow V = 250\sqrt{3}$$

9) Temos, do enunciado, $r = EU$ e $AU = r\sqrt{3}$. A figura 45.1 ajuda a visualizar a situação:

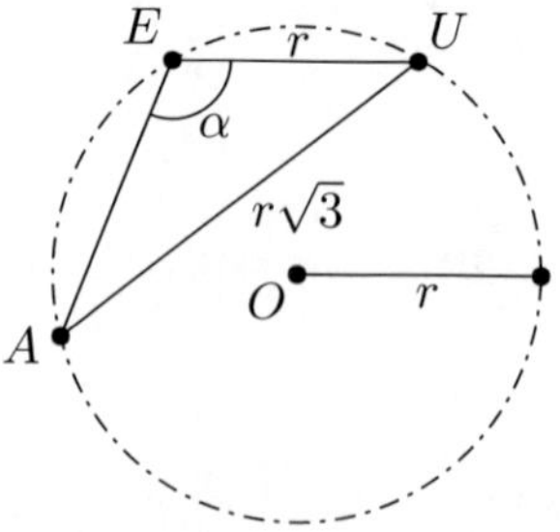


Figura 45.1

Usando a lei dos senos teremos:

$$\frac{AU}{\operatorname{sen}\alpha} = 2r$$

Daí:

$$\frac{r\sqrt{3}}{\operatorname{sen}\alpha} = 2r \Rightarrow \operatorname{sen}\alpha = \frac{\sqrt{3}}{2}$$

Então $\alpha = 60^\circ$ ou $\alpha = 120^\circ$. Vamos reutilizar a lei dos senos novamente:

$$\frac{r\sqrt{3}}{\operatorname{sen}\alpha} = \frac{r}{\operatorname{sen}\widehat{A}}$$

Substituindo os dados:

$$\frac{r\sqrt{3}}{\frac{\sqrt{3}}{2}} = \frac{r}{\operatorname{sen}\widehat{A}} \Rightarrow \operatorname{sen}\widehat{A} = \frac{1}{2}$$

Logo $\widehat{A} = 30^\circ$ ou $\widehat{A} = 150^\circ$. Como $\overline{AU}$ é o maior lado, temos $\widehat{A} < A\widehat{E}U$ e, portanto, $\widehat{A} = 30^\circ$. Mas, se $\widehat{A} = 30^\circ$ e $A\widehat{E}U = 60^\circ$, teríamos $E\widehat{U}A = 90^\circ$ e $\overline{AE}$ seria o maior lado, o que, pelo enunciado, não é possível. Assim só nos resta $\alpha = 120^\circ$, que é a opção B.

10) Queremos $n$ vigilantes de modo que o número de duplas possíveis seja maior do que ou igual a 36. Assim:

$$\binom{n}{2} = 36 \Rightarrow \frac{n!}{(n-2)! \cdot 2!} = 36$$

Desenvolvendo:

$$n(n-1) = 72$$

Fica claro que $n = 9$, pois $9 \cdot 8 = 72$. Opção E.

11) Temos $a_1 + a_2 = 20$ e $a_7 + a_8 = 140$. Da primeira equação, podemos escrever:

$$a_1 + a_1 + r = 20 \Rightarrow 2a_1 + r = 20$$

Da segunda equação, escrevemos:

$$a_1 + 6r + a_1 + 7r = 140 \Rightarrow 2a_1 + 13r = 140$$

Como $2a_1 = 20 - r$ teremos:

$$20 - r + 13r = 140 \Rightarrow 12r = 120 \Rightarrow r = 10$$

Então $a_1 = 5$. Calculando $a_9$:

$$a_9 = a_1 + 8r \Rightarrow a_9 = 5 + 8 \cdot 10 \Rightarrow a_9 = 85$$

Calculando $S_9 = \frac{(a_1+a_9)\cdot 9}{2}$ teremos:

$$S_9 = \frac{(5+85)\cdot 9}{2} \Rightarrow S_9 = 405$$

Então a opção correta é A.

12) Sabemos que $i^3 = -i$ e que $i^2 = -1$, então:

$$\frac{-i-1}{-1-1} = \frac{-(i+1)}{-2} = \frac{i+1}{2}$$

Portanto, opção A.

# Capítulo 46

# Solução 2009/2010

1) Vamos dividir em casos:

- Se o número começa com $4$, $5$ ou $6$ (três possibilidades) ele certamente é maior que $3200$, independentemente do próximo algarismo:

$$3 \cdot 5 \cdot 4 \cdot 3 = 180 \, \text{números}$$

- Se o número começa por $3$ (uma possibilidade), o próximo algarismo deve ser $2$, $4$, $5$ ou $6$:

$$\boxed{3} \cdot 4 \cdot 4 \cdot 3 = 48 \, \text{números}$$

Temos no total, então $228$ números. Opção B.

2) Seja $a$ o comprimento das arestas laterais e da base. Façamos $V$ o vértice da pirâmide, $O$ o centro da base e $M$ o ponto médio da aresta da base. A altura da face lateral $VM = h$, o apótema da base $OM = a_p$ e a altura da pirâmide $\overline{OV}$ formam um triângulo retângulo $OMV$. Veja a figura 46.1:

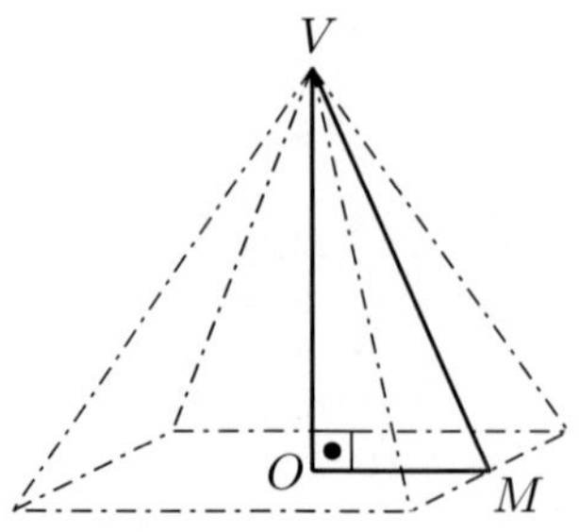

Figura 46.1

Assim, podemos escrever:

$$VM^2 = OV^2 + OM^2 \Rightarrow h^2 = a_P^2 + (90\sqrt{2})^2$$

Como $h$ é altura do triângulo equilátero, podemos escrever:

$$\left(\frac{a\sqrt{3}}{2}\right)^2 = \left(\frac{a}{2}\right)^2 + 16200$$

Então:

$$\frac{a^2}{4} = 16200 \Rightarrow a^2 = 32400 \Rightarrow a = 180$$

Então, opção D.

3) O centro da primeira é $(-1, 4)$ e seu raio $8$. A segunda tem centro $(4, -8)$ e raio $5$. A distância entre os centros:

$$d = \sqrt{(-1-4)^2 + (4-(-8))^2} \Rightarrow d = \sqrt{25+144} \Rightarrow d = 13$$

Como $13 = 8 + 5$ as circunferências são tangentes exteriores. Opção D.

4) Primeiro calculamos o preço de compra $C$:

$$C = x + \frac{5}{100}x + \frac{3}{100}x \Rightarrow C = \frac{108}{100}x$$

O lucro $L$ é a diferença entre o preço venda $V$ e o preço de compra $C$:

$$L = V - C$$

No enunciado não fica claro se o lucro é sobre o preço de compra, mas admitiremos isso, daí $L = \frac{25}{100} \cdot \frac{108}{100}x$, logo:

$$54 = \frac{125}{100} \cdot \frac{108}{100}x$$

Assim:

$$x = \frac{54 \cdot 10000}{125 \cdot 108} \Rightarrow x = 40,00$$

Opção C.

5) Seja $M_9$ o conjunto dos múltiplos de $9$ e $M_{15}$ o conjunto dos múltiplos de $15$. O número de elementos da união $M_9 \cup M_{15}$ é dado por:

$$\#(M_9 \cup M_{15}) = \#M_9 + \#M_{15} - \#(M_9 \cap M_{15})$$

O primeiro múltiplo[1] de $9$ depois de $100$ é $108$. O último múltiplo é $999$. Assim, temos uma P.A. de razão 9 com $a_1 = 108$ e $a_n = 999$. Para calcular $n$, usamos o termo geral:

$$a_n = a_1 + (n-1)r \Rightarrow 999 = 108 + (n-1) \cdot 9$$

Resolvendo, encontramos $n = 100$. Assim $\#M(9) = 100$. Para os múltiplos de 15 o primeiro é 105 e o último é 990. Lembre-se que para ser múltiplo de 15, um número deve ser múltiplo de 3 e de 5. Assim teremos agora uma P.A. com $b_1 = 105$ e $b_m = 990$. Logo, mais uma vez usando o termo geral:

$$990 = 105 + (m-1) \cdot 15 \Rightarrow m = 60$$

Temos então $\#M(15) = 160$. Precisamos dos múltiplos simultâneos de $9$ e $15$. Estes formarão uma P.A. cuja razão é o MMC de $9$ e $15$. Ou seja, $45$. O primeiro número é 135 e o último é 990. Daí, mais uma vez recorremos a uma P.A.:

$$990 = 135 + (p-1) \cdot 45 \Rightarrow p = 20$$

Finalmente, $\#M(9) \cap \#M(15) = \#M(90) = 20$ e teremos:

$$\#(M_9 \cup M_{15}) = 100 + 60 - 20 \Rightarrow \#(M_9 \cup M_{15}) = 140$$

Opção C.

[1] Para achar o primeiro múltiplo basta dividir 100 por $9$. Como o resto é 1, basta adicionar 8 a 100.

6) Podemos usar a distância entre pontos no plano, no entanto, veja que os pontos $(1, 1)$ e $(1, 3)$ estão alinhados verticalmente, pois possuem o mesmo valor para a abscissa. Assim sua distância $d_1$ é a diferença entre as ordenadas: $d_1 = 2$. Para os pontos $(1, 3)$ e $(2, 3)$ ocorre algo semelhante, porém com a mesma ordenada, o que significa que estão alinhados horizontalmente, bastando subtrair suas abscissas. Logo $d_2 = 1$. Finalmente podemos calcular a distância $d_3$ entre os pontos $(2, 3)$ e $(1, 1)$:

$$d_3 = \sqrt{(2-1)^2 + (3-1)^2} \Rightarrow d_3 = \sqrt{5}$$

O perímetro então é:

$$d_1 + d_2 + d_3 = 2 + 1 + \sqrt{5} \Rightarrow d_1 + d_2 + d_3 = 3 + \sqrt{5}$$

Logo, opção A.

7) Sejam $n_1$, $n_2$,...,$n_{24}$ e $x$ as notas dos 25 alunos. Calculando a média aritmética $m$:

$$\frac{n_1 + n_2 + \ldots + n_{24} + x}{25} = m$$

Se trocarmos a nota que vale $x$ por $6,8$, a média passará a ser $m - 0,1$:

$$\frac{n_1 + n_2 + \ldots + n_{24} + 6,8}{25} = m - 0,1$$

Substituindo a primeira equação na segunda:

$$\frac{n_1 + n_2 + \ldots + n_{24} + 6,8}{25} = \frac{n_1 + n_2 + \ldots + n_{24} + x}{25} - 0,1$$

Mas podemos reescrever a equação acima como:

$$\frac{n_1 + n_2 + \ldots + n_{24}}{25} + \frac{6,8}{25} = \frac{n_1 + n_2 + \ldots + n_{24}}{25} + \frac{x}{25} - 0,1$$

Então:

$$\frac{6,8}{25} = \frac{x}{25} - 0,1 \Rightarrow x - 6,8 = 25 \cdot 0,1 \Rightarrow x = 9,3$$

Opção D.

8) Basta aplicar o teorema do resto:

$$P(2) = 2 \cdot 2^n + 5 \cdot 2 - 30 = 44 \Rightarrow 2^{n+1} = 64$$

Assim:

$$2^{n+1} = 2^6 \Rightarrow n + 1 = 6 \Rightarrow n = 5$$

Opção D.

9) O que queremos descobrir é:

$$4 + 5 + 6 + \ldots + x = 30$$

Não é difícil chegar à conclusão[2] fazendo $4 + 5 + 6 = 15$ e percebendo que:

$$4 + 5 + 6 + 7 + 8 = 30$$

Logo $x = 8$. Opção C.

10) Sejam $x$ e $x + 1$ os lados do retângulo:

$$x(x + 1) = (2\sqrt{5})^2 \Rightarrow x^2 + x = 20$$

Ficamos com a equação $x^2 + x - 20 = 0$ e fica fácil perceber que as raízes são 4 e 5. Daí o perímetro do retângulo fica $4 + 5 + 4 + 5 = 18$, opção C.

11) Usando a fórmula da área teremos:

$$48 \cdot 33 = 44 \cdot (33 + x) \Rightarrow 36 = 33 + x \Rightarrow x = 3$$

Logo, opção A.

12) Sejam $o$, $p$ e $b$ as quantidades de medalhas de ouro, prata e bronze, respectivamente. Assim, pelas propriedades de proporções teremos:

$$\frac{o}{1} = \frac{p}{2} = \frac{b}{4}$$

Daí:

$$\frac{o + p + b}{1 + 2 + 4} = \frac{b}{4} \Rightarrow \frac{77}{7} = \frac{b}{4}$$

Temos então $b = 44$, portanto, opção C.

[2]Se $x$ fosse um número maior, bastaria usar a soma dos termos de P.A. Aqui não há necessidade disso.

# Capítulo 47

# Solução 2010/2011

1) Seja $x$ a quantidade que tem os dois antígenos. Sabemos que:

$$n(A \cup B) = n(A) + n(B) - n(A \cap B)$$

Logo:

$$n(A \cup B) = 115 + 235 - x$$

O total de alunos é a soma dos que tem pelo menos um dos antígenos com os que não tem antígenos:

$$n(A \cup B) + 225 = 500$$

Então:

$$350 - x + 225 = 500 \Rightarrow x = 75$$

Assim a probabilidade $P$ será:

$$P = \frac{75}{500} \Rightarrow P = \frac{15}{100}$$

Ou $15\%$. Opção A.

2) Seja $r$ o raio do círculo inscrito. A altura do trapézio será $2r$. Como o trapézio é isósceles podemos calcular os lados oblíquos $x$ usando o teorema de pitágoras:

$$x^2 = 10^2 + (2r)^2$$

A área do trapézio fica então:

$$A = \frac{(16 + 36) \cdot 2r}{2} \Rightarrow A = 52r$$

Mas também pode ser calculada usando a fórmula $A = pr$, em que $p$ é o semiperímetro e $r$ é o raio do círculo inscrito. Então:

$$52r = pr \Rightarrow p = 52$$

Mas $p = \frac{2x+52}{2}$, ou seja $p = x + 26$. Então $x = 26$. Logo:

$$26^2 = 100 + (2r)^2 \Rightarrow (2r)^2 = 576 \Rightarrow 2r = 24$$

Temos, então $r = 12$. Opção B.

3) Do enunciado temos:

$$\log_4 x = a$$

E

$$\log_4 x + 75 = a + 2$$

Ou seja:

$$\log_4 x + 75 = \log_4 x + 2 \Rightarrow \log_4 \frac{x+75}{x} = 2$$

Logo:

$$\frac{x+75}{x} = 4^2 \Rightarrow x + 75 = 16x$$

Então:

$$15x = 75 \Rightarrow x = 5$$

Opção E.

4) A soma dos $n$ termos de uma P.A. é:

$$S_n = \frac{(a_1 + a_n)n}{2}$$

Mas $a_n = a_1 + (n-1)r$ e $r = 69 - 73$. Então:

$$a_n = 73 + (n-1) \cdot (-4) \Rightarrow a_n = 77 - 4n$$

Voltando à soma:

$$S_n = \frac{(73 + 77 - 4n)n}{2} \Rightarrow S_n = \frac{(150 - 4n)n}{2}$$

Queremos $S_n < 0$. Logo:

$$\frac{(150-4n)n}{2} < 0 \Rightarrow (150 - 4n)n < 0$$

Como $n > 0$, basta que $150 - 4n < 0$, o que nos dá:

$$150 < 4n \Rightarrow n > 37,5$$

Logo $n = 38$. Opção E.

5) Chamando de $S$ a soma das idades dos alunos, teremos:

$$\frac{S}{50} = 22,5 \Rightarrow S = 50 \cdot 22,5$$

Com a desistência de 1 aluno de idade $i$ passamos a ter:

$$\frac{S - i}{49} = 22$$

Então:

$$50 \cdot 22,5 - i = 49 \cdot 22 \Rightarrow i = 47 \text{ anos}$$

Opção A.

6) Temos cédulas de R\$ $1,00$ ($u$), R\$ $10,00$ ($d$) e R\$ $20,00$ ($v$). Do enunciado sabemos que:

$$\begin{cases} u + 10d + 20v = 600 \\ u + d + v = 49 \\ d - u = 9 \end{cases}$$

Da última equação temos $d = u + 9$. Logo ficamos com:

$$\begin{cases} u + 10(u + 9) + 20v = 600 \\ u + u + 9 + v = 49 \end{cases}$$

Portanto:

$$\begin{cases} 11u + 20v = 510 \\ 2u + v = 40 \end{cases}$$

Da segunda equação $v = 40 - 2u$. Daí:

$$11u + 20(40 - 2u) = 510 \Rightarrow 11u + 800 - 40u = 510$$

Finalmente:

$$29u = 290 \Rightarrow u = 10$$

Logo $v = 20$ e $d = 19$. Opção C.

7) Sabemos que o rendimento final (chamado de juros) $J$, para um capital $C$ aplicado a regime de juros simples por um período $t$ com taxa de juros $i$ fica:

$$J = Cit$$

Deste modo, temos os juros $J_A = Ait_A$ e $J_B = Bit_B$. Do enunciado vem que $J_A = J_B$, logo:

$$A \cdot i \cdot 6 = B \cdot i \cdot 3$$

E $A + B = 600$. Continuando:

$$B = 2A$$

Isto nos dá a opção C. Veja que $A = 200$ e $B = 400$.

8) Elevando a expressão dada ao quadrado, encontramos:

$$3\sqrt{5} + 5 + 2\sqrt{(3\sqrt{5}+5)(3\sqrt{5}-5)} + 3\sqrt{5} - 5 =$$

Simplificando os termos semelhantes e efetuando os produtos:

$$= 6\sqrt{5} + 2\sqrt{(3\sqrt{5})^2 - 25} = 6\sqrt{5} + 2\sqrt{45 - 25} =$$

Então, como $\sqrt{20} = 2\sqrt{5}$, temos:

$$= 6\sqrt{5} + 2\sqrt{20} = 6\sqrt{5} + 4\sqrt{5} = 10\sqrt{5}$$

A opção correta é então D. Como observação, registramos que alteramos um pouco o enunciado, pois a questão original havia sido anulada.

9) Seja $v$ o volume do cone menor de altura $h = \frac{H}{3}$ e $V$, o volume do maior. Sabendo que a razão entre volumes de sólidos semelhantes é igual ao cubo da razão de semelhança entre suas medidas, teremos:

$$\frac{v}{V} = \left(\frac{h}{H}\right)^3$$

Deste modo:

$$\frac{v}{V} = \left(\frac{\frac{H}{3}}{H}\right)^3 \Rightarrow \frac{v}{V} = \frac{1}{27}$$

Como queremos $\frac{V}{v}$, basta inverter os termos da fração. Opção E.

10) Basta que o determinante da matriz dos coeficientes seja diferente de zero, ou seja:

$$\begin{vmatrix} k & 2 & -1 \\ 2 & -8 & 2 \\ 2 & 0 & 1 \end{vmatrix} \neq 0$$

Assim queremos que:

$$-8k + 8 - (16 + 4) \neq 0$$

Logo:

$$k \neq -\frac{12}{-8} \Rightarrow k \neq -\frac{3}{2}$$

A opção correta é a D.

11) Se $x = 1$ é raiz, é possível fatorar o polinômio sendo um dos termos igual a $x - 1$:

$$p(x) = x^3 - x^2 - 10x^2 + 10x + 16x - 16$$

Reescrevendo:

$$p(x) = x^2(x-1) - 10x(x-1) + 16(x-1) \Rightarrow p(x) = (x-1)(x^2 - 10x + 16)$$

Mas $x^2 - 10x + 16 = (x-2)(x-8)$. Portanto, as outras duas raízes são $b = 2$ e $a = 8$. Assim:

$$8^2 + \log_2 8 = 64 + 3 = 67$$

Opção C.

12) Desenvolvendo a expressão dada, encontramos:

$$p = \frac{2q}{\frac{5+3}{15}} \Rightarrow p = \frac{30q}{8}$$

Finalmente, simplificando os termos da fração:

$$\frac{p}{q} = \frac{15}{4}$$

Como MDC $(15,4) = 1$ temos $p^q = 15^4$; opção B.

13) Se $s$ é paralela à $r$ sua equação é do tipo:

$$5x - 2y + p = 0$$

Mas $F \in s$, logo:

$$5 \cdot 3 - 2 \cdot (-1) + p = 0$$

Então:

$$15 + 2 + p = 0 \Rightarrow p = -17$$

Temos então $s : 5x - 2y - 17 = 0$. Opção D.

# Capítulo 48

# Solução 2011/2012

1) Vamos chamar de $h$ o número de homens, $m$ o número de mulheres, $S_h$ a soma das notas dos homens e $S_m$ a soma das notas das mulheres. Assim, do enunciado temos

$$\frac{S_h + S_m}{m + h} = 7,5$$

E, ainda:

$$\frac{S_h}{h} = 6 \qquad \frac{S_m}{m} = 8$$

Deste modo, como $m = h+8$, podemos escrever que $S_h = 6h$ e que $S_m = 8m$ e substituir na primeira equação:

$$\frac{6h + 8m}{m + h} = 7,5 \Rightarrow \frac{6h + 8(h + 8)}{h + 8 + h} = 7,5$$

Desenvolvendo:

$$\frac{14h + 64}{2h + 8} = 7,5 \Rightarrow 14h + 64 = 15h + 60 \Rightarrow h = 4$$

Logo $m = 12$ e o total de alunos é $h + m = 16$ alunos. Opção D.

2) O produto dos coeficientes angulares das retas deve ser igual a $-1$. Logo:

$$2x - ky = 3 \Rightarrow ky = 2x - 3 \Rightarrow y = \frac{2}{k}x - \frac{3}{k}$$

E

$$3x + 4y = 1 \Rightarrow 4y = -3x + 1 \Rightarrow y = -\frac{3}{4}x + \frac{1}{4}$$

Logo:

$$\frac{2}{k} \cdot \left(-\frac{3}{4}\right) = -1 \Rightarrow k = \frac{3}{2}$$

Opção A.

3) Usando a lei dos cossenos e sendo $L$ a medida do comprimento do lado desconhecido, teremos:

$$L^2 = 20^2 + 40^2 - 2 \cdot 20 \cdot 40 \cdot \cos 60^\circ$$

Continuando:

$$L^2 = 400 + 1600 - 1600 \cdot \frac{1}{2}$$

Logo $L^2 = 1200$, ou seja, $L = 20\sqrt{3}$ m. Daí o perímetro seria:

$$2p = 20 + 40 + 20\sqrt{3} \Rightarrow 2p = 20(3 + \sqrt{3})$$

Considerando $\sqrt{3} \approx 1,7$ teremos $2p = 94$ metros e, portanto, a opção A.

4) Calculando a média $M$ teríamos:

$$M = \frac{S_n}{n} \Rightarrow \frac{S_n}{n} = 29 \Rightarrow S_n = 29n$$

Se tiramos o número 12:

$$\frac{S_n - 12}{n - 1} = 30$$

Daí:

$$29n - 12 = 30(n - 1) \Rightarrow 29n - 12 = 30n - 30 \Rightarrow n = 18$$

Opção E.

5) Seja $f$ o preço na loja "Só Fardas" e $b$, na loja "Selva Brasil". Temos, do enunciado:

$$f = b - 21$$

Mas, sabemos também que $0,85b = f$. Logo:

$$0,85b = b - 21 \Rightarrow 0,15b = 21 \Rightarrow b = 140$$

Então $f = 119$ e temos, portanto, $1 + 1 + 9 = 11$, opção B.

6) Do enunciando, se $A$ é Abel; $B$, Bruno e $C$, Carlos:

$$\begin{cases} A + B + C = 555 \\ A = 3B - 25 \\ B = 2C + 10 \end{cases}$$

Substituindo a terceira equação na segunda:

$$A = 3(2C + 10) - 25 \Rightarrow A = 6C + 5$$

Agora, substituindo este resultado e a terceira equação na primeira:

$$6C + 5 + 2C + 10 + C = 555 \Rightarrow 9C = 540 \Rightarrow C = 60$$

Então $A = 365$ e $B = 130$. Quem tem mais é Abel com $365$ figurinhas.

7) Primeiro calculamos a distância $d$ entre $A$ e $B$:

$$d = \sqrt{(x_A - x_B)^2 + (y_A - y_B)^2}$$

Logo:

$$d = \sqrt{(5 - 8)^2 + (1 - 3)^2} \Rightarrow d = \sqrt{9 + 4} \Rightarrow d = \sqrt{13}$$

Esse é o lado do quadrado. $\overline{AC}$ é a diagonal. Então $AC = AB\sqrt{2}$, ou seja $AC = \sqrt{26}$. Opção E.

8) O cone "de água" e o cone todo são sólidos semelhantes. Logo seus volumes $v$ e $V$ estão na razão $k^3$, sendo $k$ a razão entre as medidas das alturas dos cones. Assim, se $H$ é a altura total do cone e $h$ é a altura do cone de água, podemos escrever:

$$\left(\frac{H}{h}\right)^3 = \frac{V}{v}$$

Logo:

$$\left(\frac{12}{h}\right)^3 = \frac{56 + 8}{8} \Rightarrow \frac{12}{h} = 2$$

Logo $h = 6$ m. Assim, a camada de petróleo tem 6 m também, já que o cone inteiro possui 12 m. Opção E.

9) Se a reta é tangente, o sistema formado pelas equações da reta e da circunferência tem solução única (apenas um ponto do plano cartesiano). Assim:

$$(x-4)^2 + (mx+2)^2 = 4$$

Logo:

$$x^2 - 8x + 16 + m^2x^2 + 4mx + 4 = 4$$

Continuando:

$$(m^2+1)x^2 + (4m-8)x + 16 = 0$$

Temos que $\Delta = 0$ para que as raízes sejam reais e iguais:

$$(4m-8)^2 - 4 \cdot (m^2+1) \cdot 16 = 0$$

Desenvolvendo:

$$16m^2 - 64m + 64 - 64m^2 - 64 = 0$$

Então:

$$-48m^2 - 64m = 0$$

Como queremos a soma dos valores de $m$, queremos apenas a soma das raízes desta equação:

$$S = -\frac{-64}{-48} \Rightarrow S = -\frac{4}{3}$$

Opção C.

10) Os anagramas que queremos são da forma [AEOO]CNSNTS. Ou seja, 10 letras, com vogais e consoantes repetidas. Assim, temos 7 "blocos", sendo 6 letras e as vogais juntas. O total de permutações é de 7!. Mas há repetições: duas letras "N", duas letras "O" e duas letras "S". Mas lembre-se: as vogais devem estar em ordem, logo não permutam entre si. Então, o total de permutações $P$ será:

$$P = \frac{7!}{2!2!}$$

Temos, portanto, a opção E.

11) Substituindo $x$ por $\frac{\pi}{6}$ temos:

$$f\left(\frac{\pi}{6}\right) = 2 \cdot \left(\cos\frac{\pi}{3} + i \cdot \operatorname{sen}\frac{\pi}{3}\right)$$

Logo:

$$f\left(\frac{\pi}{6}\right) = 2 \cdot \left(\frac{1}{2} + i \cdot \frac{\sqrt{3}}{2}\right) \Rightarrow f\left(\frac{\pi}{6}\right) = 1 + i\sqrt{3}$$

Opção B.

12) Vamos calcular, primeiro, $f(5)$:

$$f(5) = \log_{\sqrt{5}} 5^2 = 2 \cdot 2 \cdot \log_5 5 = 4$$

Então, agora, calculamos $f(f(5)) = f(4)$:

$$f(4) = \log_{\sqrt{5}} 4^2$$

Usando a mudança de base para a base 10:

$$f(4) = \frac{\log 4^2}{\log \sqrt{5}}$$

Como $4^2 = 2^4$ e $\sqrt{5} = 5^{\frac{1}{2}}$ fazemos:

$$f(4) = \frac{\log 2^4}{\log 5^{\frac{1}{2}}} \Rightarrow f(4) = \frac{4 \log 2}{\frac{1}{2} \log 5} \Rightarrow f(4) = \frac{8 \log 2}{\log 5}$$

Como $\log 5 = \log \frac{10}{2} = \log 10 - \log 2$ temos:

$$f(4) = \frac{8 \log 2}{1 - \log 2}$$

Opção D.

13) Primeiramente, vamos verificar quanto o agricultor arrecadou com a venda $V$:

$$V = 10000 \times 50 = 500000$$

O empréstimo foi de $10000 \times 40 = 400000$ e dois anos depois ele deve pagar $P$ tal que:

$$P = 400000\left(1 + \frac{10}{100}\right)^2 \Rightarrow P = 400000 \cdot 1,21$$

Encontramos $P = 484000$. Ou seja, ele lucrou $16000$. Opção D.

14) Sabemos que o montante $M$ a juros compostos a uma taxa $i$ de um capital $C$ por um período $t$ é dado por:

$$M = C(1+i)^t$$

Assim, como 180 equivale a $\frac{1}{2}$ ano:

$$M = 1000 \cdot (1 + \frac{44}{100})^{\frac{1}{2}}$$

Teremos:

$$M = 1000 \cdot \left(\frac{144}{100}\right)^{\frac{1}{2}} \Rightarrow M = 1200$$

Opção D.

15) Para resolver, basta desenhar (figura 48.1):

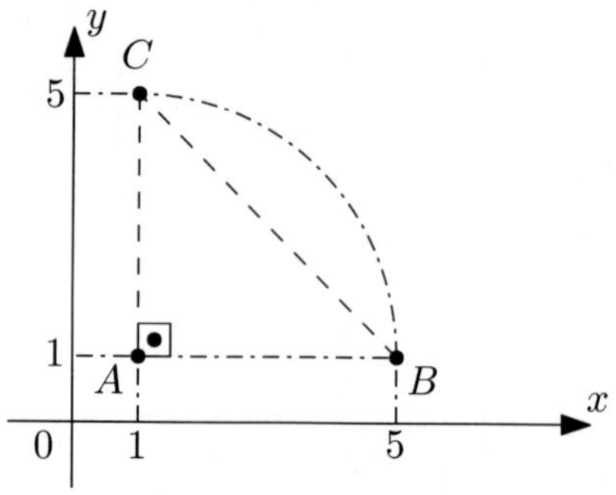


Figura 48.1

Veja que $AB = AC$, pois o triângulo é isósceles. E $AB = 4$, pois é paralelo ao eixo das abscissas. Assim $BC = 4$ e $C(1, 5)$. Opção B.

# Capítulo 49

# Solução 2012/2013

1) Temos do enunciado $a_1 = 5$ e $a_{11} = 45$. Queremos calcular $a_6$. Mas

$$a_{11} = a_1 + 10r$$

Logo:

$$45 = 5 + 10r \Rightarrow r = 4$$

Queremos $a_6 = a_1 + 5r$, então:

$$a_6 = 5 + 5 \cdot 4 \Rightarrow a_6 = 25$$

Opção C.

2) Do enunciado, $5^{x+2} = 100$, portanto, podemos escrever:

$$5^x \cdot 5^2 = 100 \Rightarrow 5^x = 4$$

Elevando ambos os membros ao quadrado:

$$(5^x)^2 = 4^2 \Rightarrow 5^{2x} = 16$$

Logo, opção D.

3) Queremos apenas os quatro primeiros lugares, assim queremos uma escolha ordenada para estes quatro primeiros:

$$A_{8,4} = \frac{8!}{(8-4)!} = 8 \cdot 7 \cdot 6 \cdot 5 = 1680$$

Temos a opção D.

4) Para calcular $f(2)$, basta que façamos $2 = 2x + 1$, logo $x = \frac{1}{2}$. Assim:

$$f\left(2 \cdot \frac{1}{2} + 1\right) = \left(\frac{1}{2}\right)^2 + 2 \cdot \frac{1}{2}$$

Daí:

$$f(2) = 14 + 1 \Rightarrow f(2) = \frac{5}{4}$$

Logo, temos a opção A.

5) Vamos chamar de $V_0$ o volume do cilindro inicial de altura $h$ e raio da base $r$. O volume deste cilindro é:

$$V_0 = \pi r^2 h$$

O novo cilindro tem altura $2h$ e raio da base $3r$. Logo o novo volume $V$ é:

$$V = \pi(3r)^2 \cdot (2h) \Rightarrow V = \pi \cdot 9r^2 \cdot 2h$$

Daí:

$$V = 18\pi r^2 h$$

Ou seja, $V = 18V_0$. Opção D.

6) Seja $C$ as respondidas corretamente e $E$ as respondidas erroneamente. Assim:

$$\begin{cases} C + E = 25 \\ 500 + 200C - 150E = 600 \end{cases}$$

Isolando $E$ na primeira equação:

$$E = 25 - C$$

Então:

$$200C - 150(25 - C) = 100 \Rightarrow 350C = 3850 \Rightarrow C = 11$$

Portanto, opção D.

7) Para uma taxa de juro composto temos:

$$M = C(1 + i)^t$$

O montante é $M = 2000 + 662 = 2662$. Como $i = 10\% = \frac{10}{100} = 0,1$, temos:

$$2662 = 2000 \cdot 1,1^t$$

Ou seja:

$$1,331 = 1,1^t \Rightarrow 1,1^3 = 1,1^t \Rightarrow t = 3$$

Logo $t = 3$ anos, ou seja, $36$ meses. Opção A.

8) Se a escada possui $4$ m de altura e $25$ degraus, cada degrau possui $\frac{400}{25} = 16$ cm de altura. Como $2e + p = 63$ teremos:

$$2 \cdot 16 + p = 63 \Rightarrow p = 29\,\text{cm}$$

Opção C.

9) Seja $S$ o número de canditados selecionados, $T_S$ a soma das notas dos candidatos selecionados e $m_S$ a média destes candidatos. Analogamente, seja $E$ o número de candidatos eliminados, $T_E$ a soma das notas dos candidatos eliminados e $m_E$ a média de candidatos eliminados, assim:

$$m_S = \frac{T_S}{S}$$

E

$$m_E = \frac{T_E}{E}$$

Deste jeito a média total $m$ é:

$$m = \frac{T_S + T_E}{m_S + m_E}$$

Substituindo os dados:

$$9,8 = \frac{T_S}{S}$$

E

$$7,8 = \frac{T_E}{E}$$

E mais:

$$9 = \frac{T_S + T_E}{S + E}$$

Mas $T_S = 9,8S$ e $T_E = 7,8E$ daí:

$$9 = \frac{9,8S + 7,8E}{S + E} \Rightarrow 9S + 9E = 9,8S + 7,8E \Rightarrow 0,8S = 1,2E$$

Ou seja:

$$S = \frac{3E}{2}$$

Logo:

$$\frac{S}{S+E} = \frac{\frac{3E}{2}}{\frac{3E}{2}+E} \Rightarrow \frac{S}{S+E} = \frac{3}{5} = 60\%$$

Opção E.

10) Usando as propriedades de logaritmo:

$$\log_{\frac{1}{2}}(3 \cdot 25) = \log_{2^{-1}}(3 \cdot 25) = -\log_2(3 \cdot 5^2) = -(\log_2 3 + \log_2 5^2) =$$

Dos dados do enunciado, podemos escrever:

$$= -(a+2b) = -a - 2b$$

Opção E.

11) Igualando as expressões de $f$ e $g$:

$$2x - \frac{2}{5} = 3x^2 - c$$

Então:

$$3x^2 - 2x - c + \frac{2}{5} = 0$$

Para que haja um único valor, devemos ter $\Delta = 0$:

$$(-2)^2 - 4 \cdot 3 \cdot \left(-c + \frac{2}{5}\right) = 0$$

Continuando:

$$-3 \cdot \left(c + \frac{2}{5}\right) = -1 \rightarrow c = \frac{1}{15}$$

Temos, portanto, a opção D.

12) Sabemos que $\text{sen}^2 x + \cos^2 x = 1$, daí:

$$\left(\frac{m+1}{m}\right)^2 + \left(\frac{m+2}{m}\right)^2 = 1$$

Portanto:

$$\frac{m^2+2m+1}{m^2}+\frac{m^2+4m+4}{m^2}=1 \Rightarrow 2m^2+6m+5=m^2$$

Logo:

$$m^2+6m+5=0$$

Por soma e produto das raízes[1], os valores de $m$ serão $-1$ e $-5$. Logo a soma é $-6$. Opção E.

13) O preço inicial era $p$, com o desconto do vendedor, passou a ser de $0,95p$ e, com o desconto do gerente, passa a ser $0,90\cdot 0,95\cdot p$. Assim:

$$0,90\cdot 0,95\cdot p=1710 \Rightarrow p=\frac{1710}{0,855} \Rightarrow p=2000$$

Opção B.

14) Se os pontos são equidistantes, temos $SM=SP$, daí:

$$\sqrt{(x_S-x_M)^2+(y_S-y_M)^2}=\sqrt{(x_S-x_P)^2+(y_S-y_P)^2}$$

Então:

$$\sqrt{(2-(-3))^2+(b-1)^2}=\sqrt{(2-1)^2+(b-(-1))^2}$$

E

$$25+(b-1)^2=1+(b+1)^2$$

Desenvolvendo:

$$25+b^2-2b+1=1+b^2+2b+1 \Rightarrow 4b=24 \Rightarrow b=6$$

Que é múltiplo de 3. Opção B.

15) Basta aplicarmos o princípio multiplicativo:

$$4\cdot 5\cdot 3=60\,\text{maneiras}$$

Opção E.

[1]A soma das raízes ja é a resposta, não precisamos resolver a equação. Mesmo assim fizemos.

16) Vamos analisar cada opção:
A) AMEIXA: Temos $\frac{6!}{2!} = 360$ maneiras.
B) BRANCO: Temos $6! = 720$ maneiras.
C) BANANA: Temos $\frac{6!}{3!2!} = 60$ maneiras.
D) PARQUE: Temos $6! = 720$ maneiras.
E) PATETA: Temos $\frac{6!}{2!2!} = 180$ maneiras.
Então, opção C.

17) Para escolher 1 goleiro dentre 3, temos 3 opções; para escolher 4 dentre 8 zagueiros, temos $\binom{8}{4}$. Analogamente são $\binom{7}{5}$ escolhas para o meio de campo e 4 escolhas para os atacantes. Logo, no total são:

$$3 \cdot \binom{8}{4} \cdot \binom{7}{5} \cdot 4 = 3 \cdot \frac{8!}{4!4!} \cdot \frac{7!}{5!2!} \cdot 4 = 3 \cdot \frac{8 \cdot 7 \cdot 6 \cdot 5 \cdot 4!}{4 \cdot 3 \cdot 2 \cdot 1 \cdot 4!} \cdot \frac{7 \cdot 6 \cdot 5!}{5! \cdot 2} \cdot 4 =$$

Continuando:

$$= 3 \cdot 70 \cdot 21 \cdot 4 = 17640 \, \text{times}$$

Opção D.

18) Fazendo $2^x = y$ e, sabendo que $4^x = (2^2)^x = (2^x)^2$, teremos:

$$(2^x)^2 - 2^x - 56 = 0 \Rightarrow y^2 - y - 56 = 0$$

Como a soma das raízes é 1 e o produto é $-56$, temos $y = 8$ ou $y = -7$. Ou seja, $2^x = 8$ ou $2^x = -7$. Como $2 > 0$, teremos $2^x > 0$ e $x = 3$. Opção C.

19) Usando os valores de $a$, $b$ e $c$ teremos:

$$\log P = 3 \log 4 - 4 \log 2 + \frac{1}{2} \log 16$$

Usando as propriedades operacionais dos logaritmos:

$$\log P = \log 4^3 - \log 2^4 + \log \sqrt{16} \Rightarrow \log P = \log \frac{4^3 \cdot \sqrt{16}}{2^4}$$

Então:

$$\log P = \log 16 \Rightarrow P = 16$$

Portanto, opção C.

20) Calculando os volumes $V_1$ e $V_2$:

$$V_1 = \frac{4}{3}\pi r_1^3 \Rightarrow V_1 = \frac{4}{3}\pi \cdot 4^3$$

Analogamente:

$$V_2 = \frac{4}{3}\pi r_2^3 \Rightarrow V_2 = \frac{4}{3}\pi(\sqrt[3]{61})^3$$

Então $V_1 + V_2$ será:

$$V_1 + V_2 = \frac{4}{3}\pi \cdot 4^3 + \frac{4}{3}\pi(\sqrt[3]{61})^3$$

Logo:

$$V_1 + V_2 = \frac{4}{3}\pi(64 + 61) \Rightarrow V_1 + V_2 = \frac{4}{3}\pi \cdot 125$$

Como $125 = 5^3$ temos o novo raio valendo 5. Opção A.

# Capítulo 50

# Solução 2013/2014

1) A frequência absoluta é o número de vezes que o valor $x_i$ aparece entre as amostras enquanto a frequência relativa é a frequência absoluta dividida pelo número de amostras. Daí:

$$f_r = \frac{f_i}{72} \Rightarrow \frac{25}{100} = \frac{f_i}{72} \Rightarrow \frac{1}{4} = \frac{f_i}{72}$$

Logo:

$$f_i = 18$$

Opção A.

2) Temos $\sqrt{5} \in \mathbb{I}$, $-4 \in \mathbb{Z}$, $-\frac{8}{3} \in \mathbb{Q}$ e $\sqrt{-7} \in \mathbb{C}$, logo $4 \in \mathbb{N}$. Opção B.

3) Calculando a média aritmética $m$ temos:

$$m = \frac{6 \cdot 14 + 9 \cdot 20 + 5 \cdot 16}{6 + 9 + 5}$$

Daí:

$$m = \frac{84 + 180 + 80}{20} \Rightarrow m = 17,2\,\text{anos}$$

4) O volume $V$ de um tronco de pirâmide cujas bases têm áreas $b$ e $B$ e altura $h$ é:

$$V = \frac{h}{3}(B + \sqrt{Bb} + b)$$

Logo:

$$V = \frac{4}{3}(36 + \sqrt{36 \cdot 144} + 144) \Rightarrow V = 336\,\text{dm}^3$$

Opção E

5) Note que as opções (A) e (D) são idênticas, a menos da ordem da igualdade. A opção (B) não mantém as bases e a opção (C) diz que o logaritmo da soma é o produto dos logaritmos. Assim só nos resta a opção correta. Opção E.

6) Para $n$ filas com $n$ soldados temos um total de $n^2$ soldados. Entretanto, para $2n$ filas com $n - 10$ soldados em cada, teremos um total de $2n(n - 10)$ soldados, porém com 300 soldados a mais que antes, daí:

$$2n(n - 10) = n^2 + 300$$

Logo:

$$2n^2 - 20n = n^2 + 300$$

Então:

$$n^2 - 20n - 300 = 0$$

Cujas raízes[1] são 30 e $-10$, como o número de soldados é natural, temos $n = 30$. Ou seja, na nova formação são 60 filas. Opção B.

7) Basta usar a expressão dada para a equação de uma circunferência:

$$(x - 2)^2 + (y - 3)^2 = 5^2$$

Desenvolvendo:

$$x^2 - 4x + 4 + y^2 - 6y + 9 = 25$$

Portanto:

$$x^2 + y^2 - 4x - 6y - 12 = 0$$

Opção A. 8) Os anagramas são da forma:

[AEO][SRGNT] ou [A][SRGNT][EO] ou [AE][SRGNT][O]

Ou seja, temos:

$$3 \cdot 3! \cdot 5! = 3 \cdot 6 \cdot 120 = 2160 \text{ maneiras}$$

[1]Você pode utilizar a fórmula de solução de equações do segundo grau (popularmente conhecida como fórmula de Bhaskara) e você encontrará as mesmas soluções, não o fizemos aqui por não julgar necessário.

Observe que os anagramas devem começar por vogal. Opção E.

9) São 11 parcelas iguais a $11^7$, daí:

$$E = 11 \cdot 11^7 \Rightarrow E = 11^{1+7} \Rightarrow E = 11^8$$

Opção E.

10) Do espaço amostral apenas o $5$ é primo e maior do que $4$. Logo, como são $6$ possibilidades temos:

$$P = \frac{1}{6}$$

Opção B.

11) Para que tenhamos jogos de confrontos únicos devemos calcular $C_{8,2}$, então:

$$C_{8,2} = \frac{8!}{(8-2)! \cdot 2!} \Rightarrow C_{8,2} = \frac{8 \cdot 7}{2} \Rightarrow C_{8,2} = 28 \, \text{jogos}$$

Opção B.

12) Queremos que $[B(x)]^2 = A(x)$, daí:

$$(mx + n)^2 = 3x^2 - bx + c$$

Desenvolvendo:

$$m^2x^2 + 2mnx + n^2 = 3x^2 - bx + c$$

Para que dois polinômios sejam iguais, todos os coeficientes de termos correspondentes devem ser iguais, então:

$$m^2 = 3 \Rightarrow m = \pm\sqrt{3}$$

Além disso:

$$2mn = -b \Rightarrow \pm 2n\sqrt{3} = -b$$

E também:

$$c = n^2$$

Calculando $b^2$:

$$2n\sqrt{3} = -b \Rightarrow b^2 = 12n^2$$

Logo:

$$b^2 = 12c$$

Opção A.

# Capítulo 51

# Solução 2014/2015

1) Se $P(x)$ é cubo perfeito, ele é da forma:

$$P(x) = (Ax + B)^3$$

Com $A = 1$ pois, desenvolvendo, teremos:

$$P(x) = A^3x^3 + 3A^2Bx^2 + 3AB^2x + B^3$$

E, como eles devem ser equivalentes, teremos:

$$A^3 = 1 \Rightarrow A = 1$$

Assim:

$$3A^2B = 3 \Rightarrow 3B = 3 \Rightarrow B = 1$$

Então $a = 3AB^2 = 3$ e $b = B^3 = 1$, logo $a - b = 2$. Opção B.

2) De acordo com o enunciado:

$$d_{OP} = 3d_{AP}$$

Portanto:

$$\sqrt{(x_O - x_P)^2 + (y_O - y_P)^2} = 3\sqrt{(x_A - x_P)^2 + (y_A - y_P)^2}$$

Substituindo os pontos:

$$\sqrt{(0 - x)^2 + (0 - y)^2} = 3\sqrt{(8 - x)^2 + (0 - y)^2}$$

Então:

$$\sqrt{x^2+y^2} = 3\sqrt{(8-x)^2+y^2} \Rightarrow x^2+y^2 = 9\cdot(64-16x+x^2+y^2)$$

Finalmente:

$$8x^2+8y^2-144x+576=0$$

Temos agora que fatorar esta expressão:

$$8(x^2+y^2-18x+72)=0 \Rightarrow (x-9)^2-81+y^2+72=0$$

Logo:

$$(x-9)^2+y^2=9$$

Que representa uma circunferência de centro $(9,0)$ e raio $r=3$. Opção A.

3) O diâmetro da cicunferência corresponde ao dobro do lado $\ell$ do hexágono. Então $\ell = 2$ cm. Como são 6 lados teremos $2p = 12$ cm. Opção E.

4) Sabemos que o volume de um cone é dado por:

$$V = \frac{1}{3}\pi r^2 h$$

O novo volume será:

$$V' = \frac{1}{3}\pi(2r)^2\frac{h}{2} \Rightarrow V' = \frac{2}{3}\pi r^2 h$$

Ou seja, $V' = 2V$. Opção A.

5) Sabemos que o raio $r$ da circunferência inscrita, o semiperímetro $p$ do triângulo e a área $S$ do triângulo matêm a relação:

$$S = pr$$

Logo:

$$12\sqrt{5} = \frac{7+8+9}{2}\cdot r \Rightarrow r = \sqrt{5}\,\text{m}$$

A área $A$ do círculo então será $A=\pi r^2$, logo $A = 5\pi\ \text{m}^2$. Opção A.

6) O problema consiste basicamente em determinar $n$ em uma progressão aritmética de razão $r = 50$ m, com $a_1 = 800$ m e $a_n = 2200$ m. Então:

$$a_n = a_1 + (n-1)r \Rightarrow 2200 = 800 + (n-1)\cdot 50 \Rightarrow n = 29$$

Logo ele conseguirá no vigésimo nono dia, opção B.

7) Como não pode haver consoantes consecutivas devemos ter anagramas do tipo CVCVCVC em que C representa consoante e V representa vogal. Então teremos:

$$\frac{4 \cdot 3 \cdot 3 \cdot 2 \cdot 2 \cdot 1 \cdot 1}{2} = 72 \text{ anagramas}$$

Dividimos por 2 porque há duas letras I. Opção B.

8) Vamos analisar as opções:
A) Se $A$ é inversível, mas $B$ não é, teremos $\det B = 0$ e $\det(AB) = 0$ e, portanto, $AB$ é não inversível. FALSA.
B) Se $B$ não é inversível, $\det B = 0$, só sabemos que $AB$ não é inversível. $A$ pode ou não ser inversível. FALSA.
C) Se $AB$ é inversível, $\det AB \neq 0$ e $\det A \cdot \det B \neq 0$ e, portanto, $\det A \neq 0$ e $\det B \neq 0$. FALSA.
D) Se $AB$ não é inversível, $\det AB = 0$ e $\det A \cdot \det B = 0$ e, portanto, $\det A = 0$ ou $\det B = 0$. CORRETA.
E) Se $AB$ é inversível teremos $\det A \cdot \det B \neq 0$ e, portanto, ambas são inversíveis. FALSA.

9) A probabilidade de fazer o gol em ambas as cobranças é:

$$P = 0,8 \cdot 0,8 = 0,64 = 64\%$$

Opção D.

10) Para encontrar o polinômio que tem as raízes dadas podemos fazer:

$$P(x) = a(x - x_1)(x - x_2)(x - x_3)$$

Em que $x_1$, $x_2$ e $x_3$ são as raízes do polinômio. Então, desenvolvendo:

$$P(x) = a[x - (-1)] \cdot \left[x - \left(-\frac{1}{2}\right)\right] \cdot (x - 2)$$

Então:

$$P(x) = a(x + 1) \cdot \left(x + \frac{1}{2}\right) \cdot (x - 2)$$

Portanto:

$$P(x) = a(x + 1) \cdot \left(x^2 - \frac{3x}{2} - 1\right)$$

Continuando:

$$P(x) = a\left(x^3 - \frac{3x^2}{2} - x + x^2 - \frac{3x}{2} - 1\right)$$

Finalmente:

$$P(x) = a\left(x^3 - \frac{x^2}{2} - \frac{5x}{2} - 1\right)$$

Para $a = 2$ teremos:

$$P(x) = 2x^3 - x^2 - 5x - 2$$

Opção E.

11) Basta usar a relação métrica $bc = ah$ em que $b$ e $c$ são os catetos e $h$ é a altura relativa à hipotenusa:

$$9 \cdot 12 = 15 \cdot h \Rightarrow h = 7,2$$

Opção A.

12) Para potências inteiras de $i$, precisamos apenas verificar o resto da divisão do expoente por 4. Como $102 = 4 \cdot 25 + 2$ sabemos que $i^{102} = i^2 = -1$ que é um número real. Opção C. Como observação, a forma algébrica é $z = a + bi$. Por isso esta não serve como opção, pois deveríamos ter $-1 + 0i$.

13) Os juros $j$ calculados a um regime de juros simples são dados por $j = Cit$ com $C$ sendo o capital, $i$ a taxa de juros e $t$ o período da aplicação. Logo:

$$400 = C \cdot \frac{5}{100} \cdot 4 \Rightarrow C = 2000$$

Sendo então correta a opção C.

# Capítulo 52

# Solução 2015/2016

1) A função $f(g(x))$ é dada por:

$$f(3x-2) = 2(3x-2) + 4 \Rightarrow f(g(x)) = 6x$$

Opção A.

2) Uma equação exponencial é aquela em que a incógnita está no expoente. Logo a opção é E.

3) Se ele acerta $4$ em $5$ ele erra $1$ em $5$. Se ele deve errar duas vezes teremos:

$$P = \frac{1}{5} \cdot \frac{1}{5} = \frac{1}{25} = 0,04 = 4\%$$

Opção E.

4) A área de um triângulo equilátero de lado $\ell$ é $\frac{\ell^2\sqrt{3}}{4}$ e sabemos que a altura $h$ e o lado $\ell$ se relacionam como $h = \frac{\ell\sqrt{3}}{2}$. Daí:

$$6 = \frac{\ell\sqrt{3}}{2} \Rightarrow \ell = \frac{12}{\sqrt{3}}$$

Então a área será $\frac{(\frac{12}{\sqrt{3}})^2\sqrt{3}}{4} = 12\sqrt{3}\,\text{cm}^2$. Opção A.

5) Sejam $n_S$ e $n_C$ os totais da notas somadas de sargentos e cabos, respectivamente. Consideremos ainda $m_S$ e $m_C$ as médias de sargentos e cabos

respectivamente. Assim temos:

$$m_S = \frac{n_S}{500} \Rightarrow 3,8 = \frac{n_S}{500} \Rightarrow n_S = 1900$$

Analogamente:

$$m_C = \frac{n_C}{100} \Rightarrow n_C = 100m_C$$

E a média total $m$ é:

$$m = \frac{n_S + n_C}{500 + 100} \Rightarrow 4 = \frac{1900 + n_C}{600}$$

Portanto:

$$n_C = 500 \Rightarrow 100m_C = 500 \Rightarrow m_C = 5$$

Opção E.

6) Elevando ao quadrado:

$$\frac{1}{(2i)^2} = \frac{1}{4 \cdot (-1)} = -\frac{1}{4}$$

Opção A

7) Aplicando o teorema de Pitágoras:

$$x^2 = (\sqrt{8})^2 + (\sqrt{9})^2 \Rightarrow x^2 = 17 \Rightarrow x = \sqrt{17}$$

Opção D.

9) Usando o enunciado teremos:

$$4^x = 30 \Rightarrow \log(4^x) = \log 30 \Rightarrow x \cdot log 4 = \log 30$$

Mas:

$$\log 4 = \log 2^2 = 2 \log 2 = 2b$$

E também:

$$\log 30 = \log(3 \cdot 10) = \log 3 + \log 10 = a + 1$$

Voltando então:

$$x \cdot 2b = a + 1 \Rightarrow x = \frac{a+1}{2b}$$

Opção D.

10) Funções do segundo grau têm um máximo se sua concavidade está voltada para baixo, o que ocorre quando $a < 0$. Opção A.

11) Usando a relação:

$$3F_3 + 4F_4 + \ldots + nF_n = 2A$$

Em que $F_n$ representa o número de faces de $n$ lados temos:

$$3F_3 = 2A \Rightarrow 3 \cdot 20 = 2A \Rightarrow A = 30$$

Mas sabemos que $V + F = A + 2$, então:

$$V + 20 = 30 + 2 \Rightarrow V = 12$$

Opção A.

12) Como $M$ é ponto médio de $\overline{AB}$ teremos $x_M = \frac{x_A + x_B}{2}$ e $y_M = \frac{y_A + y_B}{2}$, daí:

$$3 = \frac{x - 3}{2} \Rightarrow x = 9$$

E

$$5 = \frac{8 + y}{2} \Rightarrow y = 2$$

Assim $x + y = 11$. Opção B.

13) Para que os anagramas se iniciem com vogal temos duas opções (A ou O), então:

$$2 \cdot 5 \cdot 4 \cdot 3 \cdot 2 \cdot 1 = 240 \text{ anagramas}$$

14) A figura 52.1 a seguir ilustra a situação:

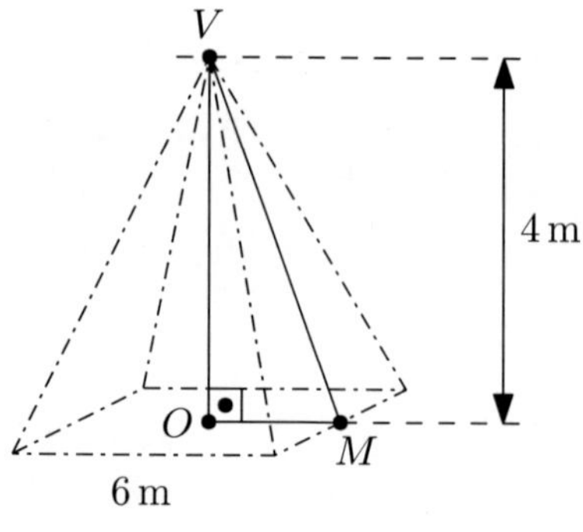


Figura 52.1

No $\Delta VOM$ podemos aplicar o teorema de Pitágoras:

$$VM^2 = OM^2 + OV^2$$

Logo:

$$VM^2 = 3^2 + 4^2 \Rightarrow VM = 5$$

A área total é a área da base mais a área de quatro triângulos de base 6 m e altura 5 m. Portanto:

$$A = 6^2 + 4 \cdot \frac{6 \cdot 5}{2} \Rightarrow A = 36 + 60 \Rightarrow A = 96\,\mathrm{m}^2$$

Então, opção E.

# Capítulo 53

# Solução 2016/2017

1) O grau de um polinômio que é o produto de outros polinômios é a soma dos graus individuais. Logo o grau do polinômio dado é $1 + 2 + 1 = 4$, portanto, opção E.

2) Seja $V_1$ e $V_2$ os volumes das esferas dadas, então:

$$V_1 = \frac{4\pi}{3} R_1^3 \Rightarrow V_1 = \frac{4\pi}{3} \cdot (3)^3$$

E

$$V_2 = \frac{4\pi}{3} R_2^3 \Rightarrow V_2 = \frac{4\pi}{3} \cdot (\sqrt[3]{51})^3$$

Somando os volumes teremos o volume da nova esfera:

$$V_1 + V_2 = \frac{4\pi}{3} \cdot (27 + 51) \Rightarrow V_1 + V_2 = \frac{4\pi}{3} \cdot 78$$

Mas $V_3 = \frac{4\pi}{3} R_3^3$, então:

$$\frac{4\pi}{3} R_3^3 = \frac{4\pi}{3} \cdot 78 \Rightarrow R_3^3 = 78 \Rightarrow R_3 = \sqrt[3]{78}$$

Portanto, opção C.

3) Partindo da equação reduzida da circunferência teremos:

$$(x - x_0)^2 + (y - y_0)^2 = r^2$$

Então:

$$(x - 1)^2 + (y - 2)^2 = 3^2$$

Desenvolvendo:

$$x^2 - 2x + 1 + y^2 - 4y + 4 = 9 \Rightarrow x^2 + y^2 - 2x - 4y - 4 = 0$$

Temos então a opção C.

4) Como $m = f(n)$ temos $g(m) = g(f(n))$, logo:

$$g(f(n)) = 3 \cdot (5n + 1) - 2$$

Então:

$$g(f(n)) = 15n + 3 - 2 \Rightarrow g(f(n)) = 15n + 1$$

Que é a opção D.

5) Como $0,8 = \frac{4}{5}$ e, sabendo que $\operatorname{sen}^2 x + \cos^2 x = 1$, temos:

$$\operatorname{sen}^2 x + \left(\frac{4}{5}\right)^2 = 1$$

Daí:

$$\operatorname{sen}^2 x = 1 - \frac{16}{25} \Rightarrow \operatorname{sen}^2 x = \frac{9}{25}$$

Assim, $\operatorname{sen} x = \pm\frac{3}{5}$. Como $x$ pertence ao quarto quadrante, o seno é negativo, logo $\operatorname{sen} x = -\frac{3}{5}$. Sabendo que $\operatorname{sen} 2x = 2 \operatorname{sen} x \cos x$:

$$\operatorname{sen} 2x = 2 \cdot \left(-\frac{3}{5}\right) \cdot \frac{4}{5}$$

Então:

$$\operatorname{sen} 2x = -\frac{24}{25} = -0,96$$

A opção correta é E.

6) Como a divisão é proporcional temos:

$$\frac{x}{30} = \frac{y}{35} = \frac{z}{37} = k$$

Daí temos $x = 30k$, $y = 35k$ e $z = 37k$. Como $x + y + z = 193800$:

$$30k + 35k + 37k = 193800 \Rightarrow k = \frac{193800}{102} \Rightarrow k = 1900$$

O mais velho recebe, portanto, $1900 \cdot 37 = 70300$, que é a opção A.

7) Pela definição de fatorial teremos $2! = 2$, $3! = 6$, $4! = 24$, $5! = 120$ e $6! = 720$. Portanto, opção E.

8) Partindo da expressão dada:

$$\log \sqrt[3]{12} = \log 12^{\frac{1}{3}} = \frac{1}{3}[\log(3 \cdot 4)] = \frac{1}{3}(\log 3 + \log 4) = \frac{1}{3}(\log 3 + \log 2^2)$$

Então:

$$\log \sqrt[3]{12} = \frac{1}{3}(\log 3 + 2\log 2)$$

Substituindo os valores dados:

$$\log \sqrt[3]{12} = \frac{1}{3}(0,48 + 2 \cdot 0,30) = 0,16 + 0,20 = 0,36$$

Portanto, E.

9) Usando a fórmula da soma de $n$ termos da uma P.A. para 6 termos temos:

$$S_6 = \frac{(a_1 + a_6) \cdot 6}{2}$$

Logo:

$$102 = \frac{(a_1 + 27) \cdot 6}{2} \Rightarrow a_1 + 27 = 34 \Rightarrow a_1 = 7$$

Usando a fórmula do termo geral para o sexto termo

$$a_6 = a_1 + 5r$$

Então:

$$27 = 7 + 5r \Rightarrow 5r = 20 \Rightarrow r = 4$$

A resposta correta é, então, E.

10) Como a soma dos coeficientes é igual a zero, sabemos que 1 é raiz da equação. Assim, podemos usar o algoritmo de Briot-Ruffini para determinar as demais raízes:

| 1 | 1 | −2 | −5 | 6 |
|---|---|---|---|---|
| | 1 | −1 | −6 | 0 |

Queremos então resolver:

$$x^2 - x - 6 = 0$$

Logo:

$$x_{1,2} = \frac{-(-1) \pm \sqrt{(-1)^2 - 4 \cdot 1 \cdot (-6)}}{2 \cdot 1} \Rightarrow x_{1,2} = \frac{1 \pm \sqrt{25}}{2}$$

Ou seja, $x_1 = 3$ ou $x_2 = -2$. Como a outra raiz é 1, temos a opção E.

11) Trocando $x$ por $y$:

$$x = y + 3$$

Isolando $y$:

$$y = x - 3$$

Que é a inversa. Letra C.

12) Partindo da fórmula da soma dos $n$ termos:

$$S_n = \frac{(a_1 + a_n)n}{2}$$

Mas, do termo geral sabemos que $a_n = a_1 + (n-1)r$, logo:

$$S_n = \frac{[a_1 + a_1 + (n-1)r]n}{2}$$

Usando os dados e fazendo $n = 10$:

$$S_{10} = \frac{[1,87 + 1,87 + (10-1) \cdot 0,004]10}{2} \Rightarrow S_{10} = \frac{(3,74 + 0,036) \cdot 10}{2}$$

Finalmente $S_{10} = 18,88$; opção C.

# Capítulo 54

# Solução 2017/2018

1) A geratriz $g$, o raio da base $r$ e a altura $h$ de um cone circular reto são a hipotenusa e os catetos, respectivamente, de um triângulo retângulo. Deste modo:

$$g^2 = r^2 + h^2 \Rightarrow 10^2 = r^2 + 6^2$$

Logo:

$$r^2 = 64 \Rightarrow r = 8\,\text{cm}$$

Como a base é um círculo, sua área $A$ é $\pi r^2$ logo $A = \pi \cdot 8^2$, ou seja, $A = 64\pi$ cm$^2$. Opção C.

2) Seja $2k$ o lado da base. Neste caso a altura $h$ é tal que $h = k$. O volume total então fica $V = 2k \cdot 2k \cdot k$, então, $V = 4k^3$. Desta maneira, o volume preenchido $v$ fica:

$$v = \frac{80}{100} \cdot 4k^3 \Rightarrow v = 3,2k^3$$

Deste modo, se definimos a vazão como a razão entre o volume despejado e o tempo e teremos que encher $0,8k^3$ da caixa, uma vez que $3,2k^3$ já estão preenchidos, calculamos

$$50 = \frac{0,8k^3}{2 \cdot 60}$$

Temos que passar o tempo para minutos, uma vez que a vazão está em litros por minutos. Daí:

$$50 = \frac{0,8k^3}{2 \cdot 60} \Rightarrow k^3 = \frac{50 \cdot 2 \cdot 60}{0,8}$$

Portanto $k^3 = 7500 \text{ cm}^3$. Que é justamente o volume de uma caixa cúbica de aresta $k$. Opção A.

3) Considerando que $F$ é o conjunto cujos elementos são os alunos que jogam futebol e $V$ o conjunto cujos elementos são os alunos que jogam volêi, teremos o número de elementos da união $n(F \cup V)$ tal que:

$$n(F \cup V) = n(F) + n(V) - n(F \cap V)$$

Portanto,

$$25 = 15 + 20 - n(F \cap V) \Rightarrow n(F \cap V) = 10$$

Se 10 alunos fazem os dois esportes, então a probabilidade de escolhê-lo será $\frac{10}{25} = 0,4$, ou seja $40\%$. Opção C[1].

4) A média aritmética:

$$a = \frac{25 + 20 + 30 + 30 + 23 + 35 + 22 + 20 + 30 + 25}{10} \Rightarrow a = \frac{260}{10} \Rightarrow a = 26$$

A moda (número com maior frequência) é $o = 30$, que tem três ocorrências. A mediana precisa dos números em ordem crescente:

$$20, 20, 22, 23, 25, 25, 30, 30, 30, 35$$

Neste caso a mediana será $e = \frac{25+25}{2} = 25$. Nestes critérios, teremos a opção C.

5) Fatorando a expressão dada, teremos $(x + 3)(x + 2) < 0$, ou seja, é negativa entre $-3$ e $-2$ que são as raízes da equação $(x + 3)(x + 2) = 0$. Opção B.

6) Considere que os ângulos são $\alpha$, $\beta$, $\theta$ e $\gamma$. Pela proporcionalidade inversa teremos:

$$2\alpha = 3\beta = 4\theta = 5\gamma = k$$

Em que $k$ é a constante de proporcionalidade. Daí teremos:

$$\alpha + \beta + \theta + \gamma = 360^\circ$$

[1] Alguns professores argumentaram que o fato de todos os alunos praticarem algum esporte não significa que sejam necessariamente os esportes citados. Em minha opinão isto fica claro quando, no início do enunciado, é dito "Em um grupo de 25 alunos, . . . ". Deste modo não resta dúvida que as informações dadas referem-se exclusivamentes aos dois esportes citados e aos alunos do grupo.

Logo:

$$\frac{k}{2}+\frac{k}{3}+\frac{k}{4}+\frac{k}{5}=360^\circ \Rightarrow \frac{77k}{60}=360^\circ$$

Queremos o maior ângulo que, neste caso é $\frac{k}{2}$, ou seja:

$$\alpha=\frac{30\cdot 360^\circ}{77}\approx 141^\circ$$

Logo, opção C.

7) Vamos chamar de $N$ o número de brasileiros natos e de $n$ o número de brasileiros naturalizados. Assim temos $\frac{N}{n}=\frac{19}{3}$. Como são 550 candidatos teremos também $N+n=550$. Pela propriedade das proporções:

$$\frac{N}{n}=\frac{19}{3}\Rightarrow \frac{N}{n+N}=\frac{19}{19+3}$$

Ou seja:

$$\frac{N}{550}=\frac{19}{22}\Rightarrow N=25\cdot 19\Rightarrow N=475$$

Portanto, $n=75$. Opção A.

8) O valor mínimo $y_m$ de um trinômio $y=ax^2+bx+c$ é $y_m=-\frac{\Delta}{4a}$, então:

$$y_m=-\frac{(2k-1)^2-4\cdot 1\cdot 1}{4\cdot 1}$$

Como $y_m=-3$ teremos:

$$-\frac{(2k-1)^2-4}{4}=-3\Rightarrow (2k-1)^2-4=12\Rightarrow (2k-1)^2=16$$

Então temos duas possíveis soluções:

$$2k-1=4\Rightarrow k=\frac{5}{2}$$

Ou:

$$2k-1=-4\Rightarrow k=-\frac{3}{2}$$

Opção A.

9) Reescrevendo a expressão dada:

$$\log k=10-\log 5\Rightarrow \log k+\log 5=10\Rightarrow \log 5k=10$$

Usando a definição de logaritmo:

$$5k = 10^{10} \Rightarrow k = \frac{10^{10}}{5} \Rightarrow k = \frac{10 \cdot 10^9}{5} \Rightarrow k = 2 \cdot 10^9$$

Opção C.

10) A questão diz respeito à definição de função bijetora. Uma função bijetora é aquela que é injetora e sobrejetora. Portanto, opção E.

11) Se $i$ é a unidade imaginária e $2 + 3i$ é raiz de $P(x)$, o conjugado deste número complexo, que é $2 - 3i$, no caso, também é raiz. Logo, opção A.

12) Olhando com atenção (ou fazendo um rascunho do plano cartesiano) nota-se que os pontos são vértices opostos de um quadrado de lado $2$. Como a diagonal de um quadrado de lado $a$ mede $a\sqrt{2}$ a distância pedida mede $2\sqrt{2}$. Opção C.

# Capítulo 55

# Gabaritos

## Capítulo 1

Prova 1975/1976

| | | | |
|---|---|---|---|
| 1) D | 5) D | 9) D | 13) D |
| 2) B | 6) D | 10) A | 14) B |
| 3) A | 7) A | 11) D | |
| 4) A | 8) B | 12) A | |

## Capítulo 2

Prova 1976/1977

| | | | |
|---|---|---|---|
| 1) A | 11) B | 21) B | 31) C |
| 2) C | 12) C | 22) C | 32) B |
| 3) A | 13) A | 23) B | 33) D |
| 4) C | 14) D | 24) C | 34) D |
| 5) C | 15) B | 25) C | 35) A |
| 6) B | 16) A | 26) C | 36) B |
| 7) C | 17) D | 27) A | 37) C |
| 8) C | 18) D | 28) A | 38) A |
| 9) B | 19) C | 29) C | 39) B |
| 10) A | 20) C | 30) B | 40) C |

## Capítulo 3

Prova 1977/1978

1) B 9) C 17) D 25) A 33) C
2) C 10) B 18) B 26) C 34) B
3) B 11) A 19) C 27) D 35) B
4) B 12) C 20) A 28) D 36) D
5) C 13) A 21) D 29) A 37) C
6) C 14) A 22) A 30) B 38) C
7) A 15) D 23) B 31) A 39) C
8) D 16) D 24) A 32) D 40) D

## Capítulo 4

Prova 1978/1979

1) B 9) A 17) B 25) B 33) B
2) B 10) B 18) B 26) A 34) B
3) D 11) C 19) A 27) C 35) B
4) A 12) D 20) A 28) C 36) A
5) C 13) A 21) A 29) C 37) B
6) C 14) D 22) D 30) C 38) C
7) D 15) B 23) B 31) D 39) D
8) A 16) C 24) D 32) B 40) B

## Capítulo 5

Prova 1979/1980

1) B 9) D 17) D 25) A 33) A
2) D 10) A 18) D 26) C 34) C
3) C 11) C 19) B 27) A 35) A
4) B 12) D 20) C 28) C 36) D
5) D 13) D 21) C 29) C 37) B
6) B 14) D 22) C 30) B 38) A
7) D 15) C 23) D 31) A 39) C
8) C 16) A 24) B 32) A 40) D

## Capítulo 6

Prova 1980/1981

1) C 4) D 7) D 10) A 13) A
2) C 5) B 8) A 11) D 14) C
3) A 6) C 9) C 12) B 15) D

16) A
17) D
18) C
19) D
20) B
21) A
22) C
23) B
24) C
25) D
26) A
27) B
28) C
29) B
30) D
31) B
32) A
33) C
34) D
35) B
36) A
37) D
38) B
39) C
40) D

## Capítulo 7

Prova 1981/1982

1) A
2) D
3) D
4) A
5) C
6) D
7) C
8) B
9) B
10) A
11) C
12) A
13) B
14) B
15) D
16) A
17) C
18) B
19) B
20) C
21) B
22) C
23) C
24) D
25) D
26) A
27) D
28) C
29) C
30) D
31) A
32) B
33) A
34) D
35) C
36) A
37) C
38) D
39) C
40) B

## Capítulo 8

Prova 1982/1983

1) B
2) B
3) C
4) D
5) B
6) C
7) A
8) A
9) A
10) C
11) A
12) A
13) C
14) C
15) C
16) C
17) C
18) B
19) B
20) D
21) A
22) A
23) C
24) B
25) B
26) D
27) D
28) A
29) D
30) C
31) A
32) C
33) D
34) A
35) D
36) C
37) B
38) C
39) C
40) A

## Capítulo 9

Prova 1983/1984

1) B
2) B
3) B
4) B
5) A
6) D
7) A
8) D
9) B
10) C
11) C
12) D
13) A
14) C
15) A
16) C
17) D
18) B
19) B
20) C
21) C
22) D
23) B
24) C
25) A
26) C
27) C
28) A
29) A
30) C

| | | | | |
|---|---|---|---|---|
| 31) D | 33) A | 35) C | 37) A | 39) C |
| 32) B | 34) C | 36) B | 38) D | 40) A |

## Capítulo 10

Prova 1984/1985

| | | | | |
|---|---|---|---|---|
| 1) B | 9) B | 17) C | 25) C | 33) B |
| 2) A | 10) C | 18) B | 26) D | 34) A |
| 3) C | 11) C | 19) A | 27) C | 35) C |
| 4) C | 12) A | 20) D | 28) B | 36) B |
| 5) D | 13) A | 21) D | 29) A | 37) C |
| 6) B | 14) B | 22) B | 30) D | 38) A |
| 7) C | 15) C | 23) B | 31) C | 39) A |
| 8) D | 16) B | 24) C | 32) B | 40) B |

## Capítulo 11

Prova 1985/1986

| | | | | |
|---|---|---|---|---|
| 1) D | 9) B | 17) A | 25) D | 33) A |
| 2) A | 10) A | 18) B | 26) D | 34) D |
| 3) D | 11) A | 19) A | 27) A | 35) C |
| 4) C | 12) C | 20) C | 28) B | 36) D |
| 5) A | 13) A | 21) C | 29) A | 37) C |
| 6) B | 14) C | 22) D | 30) D | 38) B |
| 7) C | 15) D | 23) A | 31) A | 39) D |
| 8) C | 16) B | 24) D | 32) C | 40) B |

## Capítulo 12

Prova 1986/1987

| | | | | |
|---|---|---|---|---|
| 1) E | 9) B | 17) E | 25) E | 33) D |
| 2) A | 10) A | 18) C | 26) C | 34) B |
| 3) A | 11) B | 19) C | 27) D | 35) B |
| 4) A | 12) D | 20) B | 28) C | 36) E |
| 5) D | 13) C | 21) C | 29) E | 37) A |
| 6) D | 14) D | 22) E | 30) E | 38) A |
| 7) C | 15) D | 23) D | 31) C | 39) A |
| 8) E | 16) A | 24) B | 32) C | 40) E |

## Capítulo 13

Prova 1987/1988

1) B
2) E
3) A
4) A
5) C
6) A
7) A
8) D
9) C
10) D
11) A
12) B
13) C
14) A
15) B
16) C
17) E
18) A
19) E
20) C
21) C
22) E
23) A
24) D
25) E
26) D
27) D
28) E
29) D
30) B
31) C
32) D
33) C
34) C
35) C
36) C
37) B
38) E
39) A
40) D

## Capítulo 14

Prova 1988/1989

1) B
2) C
3) A
4) B
5) E
6) D
7) E
8) A
9) A
10) D
11) C
12) C
13) A
14) C
15) D
16) B
17) B
18) A
19) E
20) C
21) D
22) E
23) B
24) E
25) D
26) D
27) E
28) E
29) C
30) C
31) B
32) E
33) A
34) A
35) B
36) A
37) C
38) D
39) E
40) B

## Capítulo 15

Prova 1989/1990

1) B
2) C
3) E
4) A
5) B
6) D
7) E
8) C
9) A
10) B
11) D
12) C
13) E
14) C
15) A
16) C
17) E
18) A
19) B
20) D
21) C
22) B
23) B
24) C
25) C
26) D
27) A
28) A
29) E
30) D
31) B
32) A
33) D
34) C
35) D
36) C
37) A
38) B
39) B
40) D

## Capítulo 16

Prova 1990/1991

| | | | |
|---|---|---|---|
| 1) D | 6) D | 11) E | 16) E |
| 2) A | 7) C | 12) B | 17) A |
| 3) E | 8) D | 13) A | 18) D |
| 4) D | 9) E | 14) A | 19) B |
| 5) E | 10) C | 15) E | 20) B |

**Capítulo 17**

Prova 1991/1992

| | | | |
|---|---|---|---|
| 1) D | 6) A | 11) D | 16) C |
| 2) A | 7) B | 12) A | 17) D |
| 3) B | 8) A | 13) E | 18) B |
| 4) C | 9) C | 14) D | 19) B |
| 5) D | 10) A | 15) A | 20) D |

**Capítulo 18**

Prova 1992/1993

| | | | |
|---|---|---|---|
| 1) D | 6) E | 11) E | 16) E |
| 2) D | 7) A | 12) C | 17) D |
| 3) E | 8) B | 13) C | 18) C |
| 4) A | 9) C | 14) E | 19) C |
| 5) B | 10) E | 15) A | 20) B |

**Capítulo 19**

Prova 1993/1994

| | | | |
|---|---|---|---|
| 1) C | 6) B | 11) A | 16) A |
| 2) C | 7) A | 12) B | 17) B |
| 3) E | 8) E | 13) D | 18) D |
| 4) D | 9) D | 14) D | 19) C |
| 5) B | 10) C | 15) B | 20) E |

**Capítulo 20**

Prova 1994/1995

| | | | | |
|---|---|---|---|---|
| 1) C | 4) C | 7) D | 10) D | 13) D |
| 2) A | 5) D | 8) C | 11) B | 14) B |
| 3) A | 6) A | 9) B | 12) A | 15) E |

| | | | |
|---|---|---|---|
| 16) C | 18) A | 20) C | |
| 17) A | 19) X | | |

**Capítulo 21**

Prova 1995/1996

| | | | |
|---|---|---|---|
| 1) E | 4) A | 7) B | 10) C |
| 2) C | 5) D | 8) E | |
| 3) B | 6) D | 9) E | |

**Capítulo 22**

Prova 1996/1997

| | | | |
|---|---|---|---|
| 1) D | 4) B | 7) B | 10) E |
| 2) E | 5) D | 8) D | |
| 3) B | 6) A | 9) A | |

**Capítulo 23**

Prova 1997/1998

| | | | |
|---|---|---|---|
| 1) D | 4) C | 7) C | 10) E |
| 2) E | 5) A | 8) B | |
| 3) A | 6) B | 9) E | |

**Capítulo 24**

Prova 1998/1999

| | | | |
|---|---|---|---|
| 1) C | 4) C | 7) B | 10) A |
| 2) A | 5) A | 8) C | |
| 3) E | 6) B | 9) A | |

**Capítulo 25**

Prova 1999/2000

| | | | |
|---|---|---|---|
| 1) C | 4) C | 7) A | 10) B |
| 2) C | 5) B | 8) D | |
| 3) E | 6) D | 9) B | |

**Capítulo 26**

Prova 2000/2001

| | | | |
|---|---|---|---|
| 1) C | 4) A | 7) E | 10) A |
| 2) B | 5) D | 8) A | |
| 3) D | 6) C | 9) D | |

## Capítulo 27
Prova 2001/2002

| | | | |
|---|---|---|---|
| 1) D | 4) A | 7) D | 10) E |
| 2) B | 5) B | 8) A | |
| 3) D | 6) C | 9) B | |

## Capítulo 28
Prova 2002/2003

| | | | |
|---|---|---|---|
| 1) E | 4) C | 7) D | 10) B |
| 2) A | 5) E | 8) B | |
| 3) X | 6) C | 9) A | |

## Capítulo 29
Prova 2003/2004

| | | | |
|---|---|---|---|
| 1) C | 4) E | 7) X | 10) D |
| 2) B | 5) C | 8) E | |
| 3) C | 6) B | 9) B | |

## Capítulo 30
Prova 2003/2004 – Segunda Fase

01) R$ 6.000, 00
02) 90 km
03) 1
04) 4º lugar

## Capítulo 31
Prova 2004/2005

| | | | | |
|---|---|---|---|---|
| 1) C | 4) D | 7) D | 10) E | 13) A |
| 2) D | 5) A | 8) D | 11) D | 14) E |
| 3) C | 6) E | 9) E | 12) B | |

## Capítulo 32
Prova 2005/2006

| | | | |
|---|---|---|---|
| 1) D | 4) A | 7) B | 10) D |
| 2) D | 5) D | 8) C | |
| 3) B | 6) D | 9) C | |

## Capítulo 33
Prova 2006/2007

| | | | |
|---|---|---|---|
| 1) B | 4) X | 7) E | 10) E |
| 2) A | 5) E | 8) D | 11) D |
| 3) B | 6) C | 9) C | 12) A |

## Capítulo 34
Prova 2007/2008

| | | | |
|---|---|---|---|
| 1) A ou C | 4) D | 7) B | 10) B |
| 2) E | 5) B | 8) C | 11) X |
| 3) E | 6) C | 9) D | 12) X |

## Capítulo 35
Prova 2008/2009

| | | | |
|---|---|---|---|
| 1) B | 4) E | 7) X | 10) E |
| 2) E | 5) D | 8) C | 11) A |
| 3) A | 6) X | 9) B | 12) A |

## Capítulo 36
Prova 2009/2010

| | | | |
|---|---|---|---|
| 1) B | 4) C | 7) D | 10) C |
| 2) D | 5) C | 8) D | 11) A |
| 3) D | 6) A | 9) C | 12) C |

## Capítulo 37
Prova 2010/2011

| 1) A | 4) E | 7) C | 10) D | 13) D |
|---|---|---|---|---|
| 2) B | 5) A | 8) D | 11) C | |
| 3) E | 6) C | 9) E | 12) B | |

## Capítulo 38

Prova 2011/2012

| 1) D | 5) B | 9) C | 13) D |
|---|---|---|---|
| 2) A | 6) B | 10) E | 14) D |
| 3) A | 7) E | 11) B | 15) B |
| 4) E | 8) E | 12) D | |

## Capítulo 39

Prova 2012/2013

| 1) C | 6) D | 11) D | 16) C |
|---|---|---|---|
| 2) D | 7) A | 12) E | 17) D |
| 3) D | 8) B | 13) C | 18) C |
| 4) A | 9) E | 14) B | 19) C |
| 5) D | 10) E | 15) E | 20) A |

## Capítulo 40

Prova 2013/2014

| 1) A | 4) E | 7) A | 10) B |
|---|---|---|---|
| 2) B | 5) E | 8) E | 11) B |
| 3) A | 6) B | 9) E | 12) A |

## Capítulo 41

Prova 2014/2015

| 1) B | 4) A | 7) B | 10) E | 13) C |
|---|---|---|---|---|
| 2) A | 5) A | 8) D | 11) A | |
| 3) E | 6) B | 9) D | 12) C | |

## Capítulo 42

Prova 2015/2016

| | | | | |
|---|---|---|---|---|
| 1) A | 4) A | 7) D | 10) A | 13) B |
| 2) E | 5) E | 8) X | 11) A | 14) E |
| 3) E | 6) A | 9) D | 12) B | |

## Capítulo 43

Prova 2016/2017

| | | | |
|---|---|---|---|
| 1) E | 4) A | 7) E | 10) E |
| 2) C | 5) D | 8) E | 11) C |
| 3) C | 6) A | 9) E | 12) C |

## Capítulo 44

Prova 2017/2018

| | | | |
|---|---|---|---|
| 1) C | 4) C | 7) A | 10) E |
| 2) A | 5) B | 8) A | 11) A |
| 3) C | 6) C | 9) C | 12) C |

Impressão e acabamento
Gráfica da Editora Ciência Moderna Ltda.
Tel: (21) 2201-6662